知 美

遇见生活中的美好

家有宝贝的
收纳全书

新手妈妈居家整理、收纳、装饰法

日本Baby-mo编辑部 编

天晴 译

机械工业出版社
CHINA MACHINE PRESS

AKACHAN TO KURASU SYUNO&INTERIA

Copyright (c) Shufunotomo Co., Ltd. 2017

Originally published in Japan by Shufunotomo Co., Ltd

Simplified Chinese translation rights arranged with Shufunotomo Co., Ltd. through Eric Yang Agency

ISBN: 9784074244737

This title is published in China by China Machine Press with license from SHUFUNOTOMO Co., Ltd. This edition is authorized for sale in China only, excluding Hong Kong SAR, Macao SAR and Taiwan. Unauthorized export of this edition is a violation of the Copyright Act. Violation of this Law is subject to Civil and Criminal Penalties.

本书由主妇之友社授权机械工业出版社在中国境内（不包括香港、澳门特别行政区及台湾地区）出版与发行。未经许可之出口，视为违反著作权法，将受法律之制裁。

北京市版权局著作权合同登记 图字：01-2018-0196号。

摄影人员

黑泽俊宏　佐山裕子　柴田和宣　土屋哲朗　松本 润（以上为主妇之友摄影部门人员）

Atsuku Kuninobu　井坂英彰　石泽义人　江口惠子　片山达治　小林惠介　近藤诚　齐藤顺子

泽崎信孝　Shimomura Shinobu　泷浦哲　千叶充　Hayashi Hiroshi　古田俊文

图书在版编目（CIP）数据

家有宝贝的收纳全书：新手妈妈居家整理、收纳、装饰法 / 日本Baby-mo编辑部编；天晴译. — 北京：机械工业出版社，2020.3

ISBN 978-7-111-64781-2

Ⅰ.①家…　Ⅱ.①日…　②天…　Ⅲ.①家庭生活–基本知识　Ⅳ.①TS976.3

中国版本图书馆CIP数据核字（2020）第030679号

机械工业出版社（北京市百万庄大街22号　邮政编码100037）
策划编辑：丁　悦　责任编辑：丁　悦　王　炎
封面设计：吕凤英　责任校对：张　薇
责任印制：孙　炜
北京华联印刷有限公司印刷

2020年6月第1版·第1次印刷
165mm×210mm·6印张·2插页·169千字
标准书号：ISBN 978-7-111-64781-2
定价：59.80元

电话服务　　　　　　　　　　网络服务

客服电话：010-88361066　机 工 官 网：www.cmpbook.com
　　　　　010-88379833　机 工 官 博：weibo.com/cmp1952
　　　　　010-68326294　金 书 网：www.golden-book.com
封底无防伪标均为盗版　　　机工教育服务网：www.cmpedu.com

让妈妈和宝宝都舒适的

空间设计和收纳法

宝宝和妈妈基本上一天中的大部分时间会在房间里度过。那么，室内设计除了考虑舒适度之外，也要考虑各种宝宝用品的收纳问题，还要在设计中考虑到预防宝宝突发情况的方法。这次给大家带来的是在室内设计和收纳方面的小技巧。

从何处下手？

宝宝生活空间的设计方法 3 部曲

ONE ➡ TWO ➡ THREE

接受采访的是　家居设计师
大御堂美唆

设计经验丰富，她涉猎的内容包括杂志设计和电视节目中的个人家居改造设计，在家居设计领域享有较高的声誉。

决定好白天哄宝宝睡觉的地方

如果宝宝白天和夜晚在不同房间睡觉，要在两个房间内都准备出哄宝宝睡觉的区域。如果宝宝晚上是和妈妈一起睡，要为他（她）准备出专用的被褥，白天时，也要准备专用的被子、防止宝宝跌落的椅子、枕垫等用品。不过最重要的是，要结合房间布局和生活环境开辟出一个能让宝宝安心入眠的区域。

我们家是这样做的！

用婴儿爬行垫给宝宝营造出自由的活动的空间

白天在客厅的一角用柔软的婴儿垫为宝宝营造了一个能够自由滚来滚去的空间，并且为了和客厅整体的氛围保持统一，特地选用木材纹路的婴儿垫，与房间装饰风格统一。

在儿童床附近做一些 DIY 装饰

在宝宝睡觉的地方装上手工制作的婴儿床挂饰，或者在其周围用粉笔画上可爱的图案，创造出温馨的氛围。

在妈妈和哥哥的身边

白天和哥哥一起在客厅里悠闲度过，有时动一动小身体，有时在婴儿椅上安静地躺一会儿，总之会一直在妈妈和哥哥的身边，十分安心。因为离得很近，所以很方便妈妈哺乳。

STEP 2 将宝宝常用的物品放在固定的位置

　　比如说，经常要给宝宝换的纸尿裤，为了能够随时拿到各个地方使用，可以将日常需要的数量放在有提手的篮子里，也可以在房间的各个地方都收纳一些。把经常要用的物品放在固定的位置，妈妈可以在家中任何地方随时照顾宝宝，并且因为物品都放在固定的地方，爸爸也能很容易地参与日常照顾宝宝的活动。

我们家是这样做的！

灵活利用换尿裤台，让换纸尿裤更加轻松

　　最近十分喜欢并且要推荐的是 Mamas&Papas 的换纸尿裤台，台子下面有收纳空间，可以按照种类进行整理、收纳，总之十分方便。除此之外，还可以放置近期不会使用的小行李箱。

把纸尿裤放在有提手的收纳袋里
保温袋（DEAN&DELUCA）

　　不仅大小合适，并且能够轻松地搬运，所以选择它作为存放宝宝纸尿裤的收纳盒是最合适不过的了。提着它能随时往返于卧室和客厅之间，十分方便。

电视柜抽屉全部用来收纳宝宝的物品

　　因为一天的大部分时间都在客厅中度过，所以把宝宝一天里需要用的所有物品都收纳在电视柜下面的抽屉里，想要什么东西的时候不用费力就能轻松拿到。

4~5个月的宝宝开始需要玩耍的空间

宝宝能够自己活动身体的时候，玩耍空间的布置就变得很重要。随着宝宝的快速成长，无论是宝宝自己学会坐和爬，或是将宝宝高高举起逗他开心，亦或是宝宝自己站起来拿高处的东西，父母都要充分考虑这些活动是否会给宝宝带来危险。只有布置出一个对于宝宝来说安全的空间，宝宝才能玩得开心，妈妈也不用时刻担心。

我们家是这样做的！

让活动空间宽敞起来的家具放置方法

当宝宝开始跟跄走路之后，我们可以把所有家具挪至墙边，腾出了一个比较宽敞的、能够练习走路的空间。宝宝也能推着小车开心地玩耍。

不要在地上放障碍物，要给宝宝宽敞的活动空间

在房间的地上不要散乱放置杂物，这样的好处是不仅看起来整洁敞亮，并且给宝宝提供了充足的活动空间，与此同时减少了宝宝不小心碰撞到杂物带来的危险。

巧妙利用墙面，给宝宝创造出空间

将客厅靠近墙壁一侧的角落作为宝宝的专用空间。用可爱的贴纸加以装饰，宝宝的手推车和专用小桌椅也放在这个区域，打造一个十分实用并且充满童趣的空间，这里也是宝宝的专属空间。

准妈妈必备！迎接宝宝 到来的空间设计准则

✓ 需要检查的 **16** 个要点

首先，向经验丰富的妈妈们学习，了解如何营造出一个能让宝宝舒适愉快的空间吧！这里会通过实际的例子以划重点的形式进行说明，同时介绍一些安全措施。

丹羽佳妙 千关（8个月）
　　爸爸、妈妈、哥哥和千关住在新建的公寓里。

✷

白天小憩时的空间

宝宝一天中大部分的时间都需要在这里度过，所以一定要为他（她）选择一个最舒适的区域。刚出生不久的宝宝，还不能离开妈妈的视线，所以在客厅把他（她）放在铺好的婴儿垫或婴儿被上照顾是最好的选择。

让宝宝醒来时还像在妈妈肚子里时那样安心

宝宝在妈妈肚子里的时候，无论是酷暑还是严寒，都过得十分舒适惬意。所以在宝宝刚出生的时候，给他营造出一个和在妈妈肚子里那般安静平和、舒适惬意的环境，对于宝宝来说是最好不过的了。要尽量避免阳光直射、空调风直吹、灰尘积攒、油烟侵入的地方，最好是将宝宝放在妈妈身边并且远离危险物品的地方。

白天小憩时的空间 ✓ CHECK LIST

清新的空气是创造舒适环境的重点

① 不要让空调风直接吹到宝宝
空调吹出的风比想象中更加强烈，调节适当的角度不要让风直接吹到宝宝。

② 不要让阳光直射宝宝
如果阳光能够直射到宝宝，那么一定要记得给窗户加上纱帘来减弱一部分阳光的伤害。

③ 把宝宝安置在通风的地方
选择通风条件良好的地方安放宝宝，空气不流通不利于宝宝的成长。

④ 在宝宝的周围放置一些常用品
纸尿裤、纱布等这些照顾宝宝经常会用到的物品都要准备好，放在容易拿到的篮子或者盒子里，以备急需。

⑤ 确保宝宝的周围没有高的家具或者容易掉落的物品
容易倾倒的家具或者容易摔落的花瓶、书、相框等物品，一定不要放在宝宝的周围。

⑥ 清扫起来比较方便
房间里的灰尘和粉尘是宝宝的天敌，为了让宝宝有一个少尘的环境，爸爸妈妈不要在屋中放置太多的物品，并且尽量摆放得方便清扫。

⑦ 不要离电视机太近
电视的噪音和强光会刺激到宝宝，所以尽量让宝宝远离电视。

⑧ 在妈妈的视线范围内
这时候的宝宝一刻都不能离开妈妈的视线，所以妈妈在厨房的时候，最好也能看到宝宝。

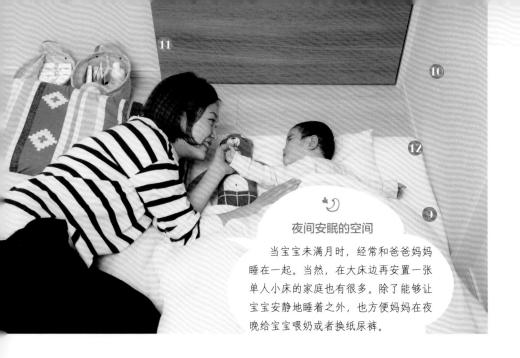

🌙 夜间安眠的空间

　　当宝宝未满月时，经常和爸爸妈妈睡在一起。当然，在大床边再安置一张单人小床的家庭也有很多。除了能够让宝宝安静地睡着之外，也方便妈妈在夜晚给宝宝喂奶或者换纸尿裤。

宝宝睡觉的空间 ✔ **CHECK LIST**

安静并且能安心睡觉的环境

⑨ 做好宝宝从床上不小心摔落的防护措施
首先，就算你觉得宝宝还很小还不会动，你也要注意宝宝会不小心从床上滚落下来，所以要为宝宝做好避免他掉落的安全防护，或者是让宝宝靠着墙壁一侧睡觉。

⑩ 确保周围环境安静并且没有什么噪音
避免电视或者是其他噪音，为宝宝创造安静的睡眠环境，可以沿着房间的过道铺上防噪音地毯。

⑪ 在宝宝的周围准备好夜晚时的必需品
因为要在晚上给宝宝喂奶和换纸尿裤，所以必需用品一定要放在容易拿到的地方，就算是在夜晚房间光线昏暗的情况下也能不慌不忙地照顾宝宝。

⑫ 确保没有导致让宝宝呼吸不畅的物品
宝宝睡着后，布偶、毛巾等物品如果放在宝宝的脸颊附近很容易造成宝宝窒息，所以一定要小心谨慎地摆放它们。

物品的收纳空间

　　除了在生产之前为孩子准备的物品外，生产后他人赠送的礼物或是追加购买的物品会让屋子一下子凌乱、狭窄起来。所以在生产之前，一定要重新审视收纳空间是否足够，可能的话一定要给收纳空间留些余地。

宝宝物品的收纳空间 ✔ **CHECK LIST**

一眼看过去就清晰明了的收纳是最好的

⑬ 确保宝宝物品的专用收纳位置

因为宝宝一天中要换好几次衣服，所以要特别设置可以让爸爸妈妈轻松拿到换洗衣物的区域。

⑭ 柜子里的常用物品也能轻松拿到

纸尿裤、内衣、玩具，这些物品按照用途分类，在突然需要的时候也能从容不迫地找到。

⑮ 对宝宝来说危险的物品都不要放在他能拿到的地方

家具的最下面一层放宝宝的玩具和绘本，对于宝宝来说，收纳空间里不要放置对宝宝而言危险的物品。

⑯ 家中库存清理干净，腾出一些空间

像纸尿裤或者是擦屁屁的清洁水之类的存货很占空间，计划好每天都要使用的量，剩下的收纳起来是很重要的。

\ 危险！/
宝宝在家中容易
发生的六大事故

宝宝可以在家中爬来爬去的时候，很容易因为家长的疏忽而遭遇危险，此时给宝宝布置出安全的空间就变得十分重要。

在宝宝可以自由活动之前，采取一些安全措施

当宝宝自己可以转身或者扶墙站起的时候，父母视线只要移开一会儿，就可能发生意想不到的事故。除去哺乳阶段的宝宝，在未满5岁宝宝的死亡数据中，有1/3都是因为在家中不小心摔倒，或者是不小心吃了有害的东西而致死的。为了防止这种悲剧的发生，提前采取措施是十分有必要的，列举以下六种易发生的事故和防止它们发生的安全对策。

除此之外，还有三点也要特别注意。

① 尽量不要铺桌布，因为宝宝会乱扯桌布角。

② 不要买放置不稳的家具，因为宝宝靠近之后桌子容易倾倒。

③ 不要放玻璃家具。

1 摔倒、摔落

在有高低落差的地方设置安全门栏之类的保护措施

设置安全门栏，防止宝宝从阳台、楼梯之类有高低落差的地方跌落。另外，不要在洗衣机或者窗户旁边放置空箱子或者成堆的纸品，因为宝宝很容易爬上去后跌下来。

检查

● 不要让宝宝在沙发之类的高处睡觉
● 地毯的背面贴上防滑贴

2 误食·窒息

直径在 3.5cm 以下的东西都要收好

在不幸发生的事故中大部分是由于误食，不要让宝宝轻易接触到直径 3.5cm 以下的东西，这是非常重要的原则。硬币、耳饰、香烟、药、大头针，以及在地上放置的蟑螂药都要收好。

检查

- 有没有把硬币随意洒落在家中
- 有没有把体积小的物品放在宝宝附近
- 有没有把数据线放在被子旁边

4 撞头

为了防止撞伤头和眼睛，将家具的坚硬拐角贴好保护贴

宝宝在家时头部会不小心撞到电视柜的拐角和桌角，有时还会撞到眼睛。这个时候用薄的海绵贴贴在电视柜的拐角处和桌角处会在很大程度上防止宝宝撞伤头和眼睛，除了海绵贴，用泡沫塑料也可以。

检查

- 有没有用薄的海绵贴把家具的四角封好
- 有没有在地上铺上软的拼接板保护安全
- 有没有将较大的落地镜安置在宝宝不易接触的位置

3 烧伤·触电

不要让宝宝靠近危险的区域

暖炉、暖气片周围设置保护器具加以防护。将插座上不用的插孔盖上防触电保护盖。

检查

- 有没有把电热水壶放在宝宝周围
- 有没有用防护套将水壶封好
- 有没有把电插线板等物品整理到一起，放在宝宝不容易接触的地方

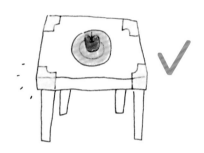

5 误入危险系数较高的区域

做好准备，不让宝宝误入危险系数较高的区域

  厨房、卫生间、柜子区是事故的多发地，在宝宝不小心进入这些区域之前，就要为宝宝设置好安全门和安全锁。

检查

- 有没有在厨房的入口处设置好安全门
- 有没有在窗户设置安全保护扣锁

6 夹到手指

将门和抽屉锁好

  宝宝会不小心被门、抽屉严重夹伤。为了不让宝宝玩门的开合游戏，要用专用的安全扣锁扣好门。除此之外宝宝还特别容易在门的合页处夹伤手指，所以一定要格外小心。

检查

- 是否存在手指容易被夹的危险区域
- 有没有将抽屉和门用安全扣锁扣好
- 有没有在打开门时仔细确认宝宝是否在门附近

目 录

20位达人妈妈的家居收纳大揭秘！ ······17

特别想学会的婴儿用品收纳法 ⋯81

和宝宝一起生活的法式收纳和装饰法 ⋯129

PART

1

20位达人妈妈的
家居收纳大揭秘!

宝宝在房间里的时间很长。接下来,为大家介绍达人
妈妈们在已确定的房间和家具布局基础上,如何轻松收纳
宝宝用品,营造出舒适、时尚空间的方法。

房间的数量有限，但也能
生活得舒适

大容量的墙壁收纳，让你拥有一个复古、可爱的客厅

LIVING
客厅

家的概况

佐藤裕佳和花稳（11 个月）

在房龄十年的公寓里，爸爸、妈妈、花稳幸福地生活着。从这个春天开始，花稳要进入托儿所，妈妈也要回服装店上班。在迎接新生活的同时，家庭也一点一点发生着改变。

我家的平面图

阳台

客厅

婴儿活动区

厨房

玄关

卫生间（湿区）

卧室

卫生间（干区）

立刻模仿

因为是经常使用的物品，所以统一整理在一起

把绘本统一放在草编的篮子中，让花稳随心挑选。

移动收纳架上放上平时常用的护理套装。纸尿裤也统一放在柜子里，更为关键的是，为了方便拿取，统一放在收纳架的最底部。

在照顾孩子的同时，加入妈妈喜欢的家居风格

白色和木色构成的简单且自然的客厅是妈妈的选择。虽然公寓已经有十年房龄，但在被认真地重新装修后，复古可爱的气氛让妈妈一见钟情。虽然是简单的装修，但门把手的细节、玄关地板的处理的确显示出独特的品位。架子和镜子的尺寸很大，非常耐用，适合日常起居使用，妈妈初次见到房子时就决定要住进来。阳台有 15 平方米大，窗户也十分敞亮，阳光和通风条件都极为优秀。衣服能够很快晒干，好天气时母女躺在客厅玩耍也十分惬意。

妈妈的期望

考虑宜居设计的同时加入自己的家居风格

左图的右侧是宝宝的空间，左边靠墙收纳着妈妈的物品、香水和装饰镜，还有爸爸很喜欢的漫画。"孩子长大之后可以接触到很多东西，所以随后的收纳还是问题"，妈妈这样说道。

BABY-SPACE
宝宝的空间

不将衣服折叠起来而是让衣服挂放在可以看到的地方

连衣裙之类的衣服都用宜家的衣架挂起来，随着季节的变化衣架上的衣物也随之改变。

孩子的物品都汇聚在这里

整个空间的颜色是女孩子气十足的白色和粉色搭配。因为没有孩子专用的房间，客厅的一角被用来当作宝宝的专有空间，漂亮的裙子全被收纳在这里。

宝宝推车
不折叠放在玄关

充分利用玄关的空间

有些宝宝推车折叠起来十分困难，不折叠反而方便。出门时不能缺少的帽子和背包也可以挂在上面，十分方便！

使用频率较高的衣服放在上层的抽屉中

按照什么样的位置顺序将物品放置在抽屉里也是非常重要的，按使用频率将衣物从上至下收纳是其中的一种方法。在每个抽屉里按照种类、颜色进行区分，让收纳变得更加整洁。

整洁的技巧

● 不要随便增加物品，尽量将物品收进壁柜，给地面留出空间。
● 柜子中的收纳尽可能紧凑。

如同置身森林一般的清新感觉，
让家居生活被绿色萦绕

LIVING
客厅

家的概况

中野美穗、友明、朔（11个月）

　　这是爸爸、妈妈和朔的家。爸爸原来在家具店工作，妈妈是调香师，他们的家是经过爸爸精心设计，重新装饰过的，特别是局部照明和间接照明，是爸爸最骄傲的地方。

整洁的技巧

● 巧妙运用香薰让家中空气更清新，在清洁地面的时候也可以选择带有香味的产品。

我家的
平面图

浴室

客房　玄关

洗漱间

储物间　卫生间

卧室　厨房

客厅

阳台

在房间的中央，放上观叶植物和热带鱼鱼缸

北欧风格的家，以木质家具的颜色为主色调，给人以温暖舒适的空间体验。家具装饰设计是由曾经在家具店工作的男主人中野负责的，关于自家的家居装饰，他这么说："电视前的茶几和旁边的橱柜，都是使用了50年以上的老家具，岁月感十足的家具本身有与新家具截然不同的韵味。"

中野家的不同之处就是在客厅正中央放置了观叶植物和透明的热带鱼鱼缸。对于这种大胆的设计和摆放行为，中野先生说："其实最开始就决定了观叶植物的摆放布局，围绕着它对周围空间进行搭配。并且为了突出观叶植物，周围没有放置大型家具，而这样的设计结果是让整个空间看起来极具延展性。"

立刻就可以模仿

玩具，当然要用开口大的篮子来进行收纳

如果朔能自己从篮子里拿出自己喜欢的玩具，那妈妈会感到非常高兴。所以妈妈选择了大开口的篮子收纳各种各样的玩具。开口大，收纳也方便，孩子也容易拿到。

出门必备用品一筐收

宝宝出门时候必备的用品一定是统一收纳在一个地方。因为是收纳到篮子里，所以就算颜色很凌乱也不会很突兀。

BABY-GOODS
宝宝的物品

用同样设计风格的收纳架搭配出协调感

因为木质的家具确定了房间的基本色调，所以用几个设计风格很相近的木质收纳架来收纳琐碎的物品。几个相同形状、颜色、材质的收纳盒可以给人清爽的感觉。

无论颜色或图案，孩子的服饰是房间最生动的元素

外衣直接挂在衣架上，孩子的衣服本身就很可爱，挂在外边，存取很方便，真是一举两得。

十分方便

盒子可以放在从宜家买的浅蓝色收纳小车上

　　这个收纳小车的尺寸刚好能放下这些盒子，所以立刻就买下了。并且浅蓝色的小车和黄色、蓝色的盒子搭配起来十分时尚。

内衣、袜子放到便宜好用的盒子里

　　内衣、袜子，这些要和身体直接接触的衣物用便宜好用的盒子收纳就可以。因为盒子自带盖子，所以从外面是看不到盒子中的物品的。

**宝宝
喜爱的**

超开心

永远看不腻的热带鱼

　　一开始只有几条小小的鱼，现在已经有十几条了。朔从小就十分喜欢观察热带鱼，从没感到过厌烦，1岁左右能够自己活动的时候很想爬进鱼缸里，所以父母为鱼缸加上了盖子。

同样的客厅，不一样的色彩

同样的客厅，氛围不一样的三个空间

　　21平方米左右的客厅，有看电视的休闲区，接待朋友的餐厅区，还有夜晚时分，浪漫灯光的吧台区。虽然区域功能有明显的划分，但是给人统一的协调感。

03

宝宝用品和家具风格
完美融合且略显成熟的空间

LIVING
客厅

家的概况

驹井美智子和志知（5个月）

　　在重新装修过的二手公寓里（一居室），住着爸爸、妈妈、小杏和志知一家四口。妈妈是日本baby服装品牌"Annebaby"的创始人，也是一名自由艺术设计师。

我家的平面图

浴室　厕所
玄关
卧室　　客厅　厨房

买东西的准则：不要为了买而买，而是真的喜欢

　　为了营造一个舒适的居住环境，驹井在对这套二手公寓重新装修的时候花费了很多心思，从厨房到客厅再到收纳柜的打造，无处不在地体现了她想通过装修设计随时照顾宝宝的良苦用心。

　　驹井说："希望房子在装修设计后，可以满足将照顾孩子的必需品和玩具同时放在客厅的需求，并且还能拥有好看、有设计感的收纳用品，营造出让大人也感到无拘无束的生活空间。"

她对于选择家具和收纳用品也有一套原则，这个原则的基础就是自己是否喜欢。在考虑空间整体设计的前提下进行挑选，就不会给人杂乱无章的印象。拒绝低价物品的诱惑，坚持不喜欢就不买的原则，这样做，整个空间才能展现出一种协调的美感。

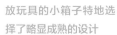

放玩具的小箱子特地选择了略显成熟的设计

收纳箱子一直是装饰的亮点，选择稍显成熟的收纳箱，在里面铺上外文做旧的报纸后收纳玩具，让宝宝用品在整个空间中不显得突兀。

BABY-GOODS
宝宝的物品

照顾宝宝的用品打包后放在妈妈伸手能及的地方

放在客厅的书架上，选择妈妈可顺手存取的高度放置照顾宝宝的必需品，十分便利。在书架的最下层放置宝宝随时可以拿取的绘本。

直接模仿

选择和空间融合的颜色

照顾宝宝的必需品十分常用，收纳它们的盒子特地选择了和沙发的暖咖色搭配的灰黄色，与客厅的色调十分协调。

统一收纳用品的形状和颜色，提升空间的协调感

将过季的衣服叠好放置在收纳盒里，然后放在衣柜的最顶部，这样既不会给收纳空间造成负担，也让收纳过的衣服一眼望去就清晰明了。

整洁的技巧

● 如果经常在家招待朋友，那么打扫房间就有动力了
● 需要的物品不是遇到了就买，而是只买自己喜欢的

25

**妈妈
的期望**

让收纳方便又时尚的红酒盒

　　体积略大的厨具和奶粉罐用红酒盒一并收纳，放在开放式厨房的地柜收纳架中，不仅稳当，还营造出了时尚的氛围。

保持活动空间的整洁

　　家中如果经常有多人聚会，那么会留出宽敞的活动空间，经常打扫保持整洁干净。宝宝们一起玩耍时也可以充当宝宝们的游乐园。

更加舒适！时尚！不困惑！

视线通透的设计，让家务时间变短

　　在原有的厨房空间内改造出整个家庭都可以用的大衣柜，并且在旁边放置了洗衣机和烘干机，以及存放熨斗的空间，洗衣、烘干和收纳在一个空间内，节省了大量的家务时间。

时尚的带盖收纳盒的用处居然是!?

　　在装饰台上放着金属制的时尚带盖收纳盒，它居然是用来放使用完的纸尿裤！外观小巧玲珑又不缺乏时尚感，并且因为有盖子，所以很好地阻隔了异味。

厨房的收纳——展示型收纳

　　灵活运用调味品、厨具等性价比高的物品。为了融入房间的整体氛围，微波炉、烤箱等家电选择了黑白的色系。

尽全力避免危险事件发生

　　位置较低的抽屉拉手很容易弄伤宝宝，细心的妈妈用家里不用的手帕包裹住拉手，发生磕碰时可以缓冲也可以降低对宝宝造成伤害的概率。

立刻模仿

04

妈妈希望拥有协调且统一的房间主色调

追求自己喜欢的装饰风格，绝不妥协

KIDS-ROOM
宝宝的房间

家 的 概 况

大御堂美唆和唯人（2岁）

　　妈妈是杂志和电视台的造型师，最近还从事了关于家居装修改造的工作。妈妈和宝宝住在一处三层的房子中，一层住着外婆，二层和三层住着母子二人。

将玩具分开放置，让宝宝在寻找中发现乐趣

　　家居设计师和造型师大御堂美唆对我们说，买了房子之后，就立刻决定将宝宝房间的主色调定为红色。亮丽的红色还搭配了白色和水蓝色。她说，"房间设计时，最重要的是统一感，主色调之外的颜色都尽可能地减少。"除此之外，还有意识地做了一件事，不让孩子玩耍的空间只集中在一个特定的地方。有意识地将玩具散放在家中各个角落，不仅可以让宝宝在寻找玩具的过程中不断获得新鲜感，而且经常更换玩具摆放的位置，会减少不必要的玩具购入。唯人用的小矮桌也是妈妈小时候使用过的，在放玩具的收纳箱上妈妈亲手绘制了一幅画。不愧是各个地方都精心设计、装饰并且充满创意的家。

放在客厅的玩具每天都更换

客厅是孩子玩耍的主要空间，每天从宝宝的房间里拿出不一样的玩具进行更换。通过更换玩具，能让宝宝每天充满新鲜感地玩耍。

BABY-GOODS
宝宝的物品

整洁的技巧

● 注重颜色的统一。主色调确定之后，其他色调的物品都收纳好，这样会让空间看起来十分整洁。
● 将毛绒玩具折叠收纳简单又方便。

为宝宝准备一个专用的衣柜

裙子、内衣、袜子、帽子等属于唯人自己的衣服全部都放在这里。如果让她知道，这个柜子里的物品都是她的，她一定会十分开心，并且这也能成为她练习收纳整理的工具。

在展示架中放上想让宝宝看的绘本,其他都收起来

在手工制作的书架上,放着唯人当下最喜欢的书,除此之外,全部都放进玩具收纳箱里。如果将所有书都拿出来,那么不仅收纳的时候十分费力,宝宝也容易看腻。

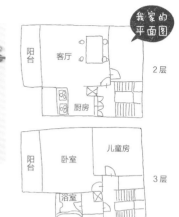

宝宝喜欢的

随便乱扔也 OK,大容量的收纳柜让收拾整理更加省心

这个大容量收纳柜是在宜家购入的,最初只是一个用来摆放电视、音响的柜子,但是妈妈亲自设计、绘制图案后,成为大容量的收纳柜。所有的物品都可以收纳进这个小柜子中,方便宝宝自己收拾整理,也减轻了大人们的收纳压力。

再多设置一个宝宝喜欢的小角落

在客厅的角落,放置一个儿童小厨房

因为是客厅的角落,所以客人来时一般是不会一下子就看到的,但是这里却是唯人特别中意的小角落,她喜欢从这里眺望窗外来往的车辆,在桌子上可以为她准备平时最喜欢的几个玩具。

05

墙面的装饰让空间充满乐趣！
宝宝的活动空间也变得更加宽松！

家的概况

横井佳菜子和小枫（1 岁 1 个月）

　　爸爸、妈妈和小枫一起生活在刚刚购入没多久的新建三居室公寓里。房间的家具和装饰不愧是从事家居装修工作的爸爸选择的，时尚又有品位！妈妈现在正在休产假，她从事的是婚庆方面的工作。

整洁的技巧

● 尽量不要在地板上放东西，
让宝宝有足够的玩耍空间

● 充分且灵活地利用墙壁进行
装饰和收纳

在最喜欢的装修设计中和宝宝一起生活

横井一家的房屋给人最大的印象就是柜子门上有一整面现代感十足的画，除此之外，还有墙壁上的装饰和绿色植物，真是品位不俗。

横井桑说，"在空间设计的时候，最重要的是让宝宝拥有自由自在玩耍的空间。"在宝宝将要出生的时候，试着改变了家具的布局，也试着将地板上放置的小物都进行了收纳。这样处理，就避免了和宝宝说"不要乱碰！"这样的话。

在宝宝伸手够不到的墙壁或者高架上，进行了一系列的装饰，并且灵活运用它们进行收纳。原本单调的空间因为墙面的装饰设计变得热闹起来，同时，为了防止给人杂乱无章的感觉，特地选用了一些具有统一感的家具。比如，因为很喜欢铁艺和复古木质感相结合的古朴物品，连同孩子的物品也一起进行了统一。

通过颜色和质感增加变化

铁质的黑白色桶被作为垃圾桶使用，桶上的把手不仅方便铁桶移动，也很方便清洁。

用有男孩子气的物品将空间感收紧

收纳能力十足的旅行箱成为空间的点睛之笔，沙发、沙发垫和其他布艺制品也选择了低调稳重的颜色，同时充分保证了小枫可以自由自在玩耍的空间。

31

直接模仿

迷彩风格用来迎合房间的品位

对木质盒子进行了旧物改造，用来收纳抱宝宝时要用的婴儿背带。迷彩风格的小盒子里收纳了三个海星形状的小靠枕，给男孩子气十足的空间里增添了一丝可爱的气息。

宝宝物品全部放在可移动的架子上进行收纳

用来照顾宝宝的物品全放在深色调的宜家可移动推车中进行收纳。因为需要的物品都收纳在同一个地方，所以无论移动到任何地方都很方便取用，旁边还搭配了为辛苦换纸尿裤的妈妈爸爸加油的长颈鹿玩偶。

柜子里面藏着妈妈的童趣设计

壁柜的柜门同时设计为黑板，壁柜里放置了小枫的衣服。打开柜子会发现，在收纳盒的上面，有小星星的装饰物，在这种不易看到的地方体现出妈妈的品位。

直接模仿

巧妙地隐藏"家有宝宝"

为了同时满足大人和宝宝的需求，营造舒适的环境时再多花点心思

"家有宝宝"的气息会从宝宝专用的软垫看出来，将软垫垫在地毯的下面，不仅实现了软垫的功能，同时也保留了时尚的元素，让大人们也能享受时尚的空间。

06

用心的墙壁装饰,
就好像布置了一间 Party Room

LIVING
客厅

整洁的技巧

● 将宝宝特别喜欢或者经常使用的物品放在有提手并且可以随时移动的收纳篮中

● 配合房间的整体基调选择收纳物品的形状和颜色,这样放置在房间中就不会显得突兀

家的概况

井出英子、阳人(2岁5个月)**和创士**(3个月)

这是爸爸、妈妈、阳人和创士的四口之家。之前一家来镰仓旅行的时候,被这里的环境深深吸引,随后在当地寻找二手房,住了下来。最终选定的这个房子有十年的房龄,大约90平方米,并且重新装修成了两居室。

波普图案的装饰，将日常生活变得不普通

井出一家选择这间房屋的理由是它位于镰仓的某个寺庙内，房屋被丰富的自然风光所环绕，井出一家一见倾心。房屋的庭院中盛开着八仙花，阳台还经常会有松鼠来访，两个中庭的采光和通风都十分棒。

在对旧屋进行改造的时候，将本是茶色的房间全部刷成白色，然后将三居室里的日式和室改造成了有大客厅的两居室。这个房间的墙壁装饰中的气球和插画会根据季节变化进行重新设计和调整，真是不得不令人佩服。

妈妈说，"在装修的时候，特别注重创造一个有生活感的空间。"这是她一个人生活时就开始注重的，因为家里经常会有客人到访，为了让客人有耳目一新的感觉所以会进行家居变化，当然，自己本身也很陶醉于此。

重视功能性的同时加入自己喜欢的元素，妈妈的家居理念十分值得借鉴和参考。

月亮、星星和独角兽的房间

月亮和星星象征着家里的长子阳人，独角兽象征着家中的次子创士。在房间中看上去没有意义的装饰品，其实包含了特别美好的寓意。同时，将宝宝们最喜欢的绘本展示出来，让他们一眼就能看到。

只要把经常使用的物品集中起来，就可以十分方便地使用

直接模仿

身形细长的圆柱形收纳柜（DEAN&DELUCA）的最下层放置了给宝宝擦屁屁的纸巾，中间层放了宝宝的纸尿裤，上层放了宝宝的身体护理品。收纳包里放了创士常用的纸尿裤，容量很大，可以放下 10 个以上，所以无论是在家中移动还是在户外，取用都十分方便。

随意扔在地上效果也很好

和天然材质相吻合的收纳篮

草编的篮子里收纳了玩具等物品，天然的材质给人自然的感觉，和整个房间的气氛完美融合。这种收纳工具也方便宝宝自己搬运，并且可以轻易地从里面找到自己喜欢的东西，收纳起来也很方便。

"看得见"的收纳

我家的平面图

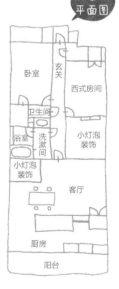

卧室　玄关　西式房间　卫生间　浴室　洗漱间　小灯泡装饰　小灯泡装饰　客厅　厨房　阳台

用可爱的盒子收纳孩子喜欢的厨房玩具

平时就很喜欢帮妈妈的阳人，也非常喜欢儿童厨房玩具。用可爱的带钥匙的纸盒子进行收纳，既不占地方，看上去也很可爱。

已经有基本安全意识的哥哥，就放心地让他玩耍吧！

在大概 40 平方米的客厅里跑来跑去的是哥哥阳人，他在忙些什么呢？在图鉴上寻找植物和小动物，或是随着音乐翩翩起舞，再或是弟弟有些哭闹时晃晃摇篮安慰他，在宽敞的房间里，他可是个小忙人。

妈妈说，最近自己在厨房忙碌的时候，哥哥也会跑过来一边看着一边想要帮忙。对于个子还很小的他来说，小凳子是不可或缺的物品。

妈妈经常是在孩子的房间里熨衣服的，为了陪着妈妈，哥哥会自己从小篮子中拿出喜欢的玩具或者书，坐在妈妈身旁。

放一些妈妈中意的装饰品在房间里，就不会显得特别孩子气

妈妈是一位特别擅长用装饰品布置空间的人，巨大的防水牛皮纸袋子中放置的居然是花盆！她说，"虽然我把它用来养花，但也有人用它当作收纳袋。"

在空间中有意识地展示自己喜爱的物品

零碎的物品都放在窗台下面的大收纳柜里，这样让客厅显得干净、整洁还十分宽敞！巧妙地运用空间感进行布置，放入外形可爱的台灯和相框，并且还用自己最喜欢的鲜花进行装饰。

孩子的房间，尽量不放卡通人物有关的装饰

无论是灯罩还是墙上贴着的图案装饰，都为孩子的空间增添色彩。说到自己对于这个空间设计制作时的执着，她说，"虽然孩子的空间里有一些色彩丰富的装饰是好的，但是想让他们在稍大一些时还能喜欢，就特地没有放置略显稚气的卡通人物装饰。"

用抽屉分隔板将物品分类收纳

抽屉里放着纸尿裤和贴身穿的衣服，通过抽屉分隔板对抽屉里的物品井井有条地进行分类和整理。

重视功能性的纸质收纳盒

将纸质收纳盒放在收纳架的隔层间，形式上类似可以拉开的抽屉，除了可以推拉，还可以将盒子摞起来摆放，盒子里面可以存放宝宝外出时需要穿的衣服。

买柜子之前用纸质收纳盒代替就可以

孩子的衣服就放到纸质的收纳盒里。虽然随着宝宝的长大，物品会越来越多，到时候不得不添加柜子进行收纳，但是目前用纸盒收纳非常顺手，并且轻巧、便利也不占地方。

BED-ROOM
卧室

哄宝宝入睡的绘本也放在旁边

为了哄爱读书的哥哥入睡，特地从客厅的书架上拿了他最喜欢的几本书放在卧室，把书放在可以提着的小竹篮中，并且将他最喜欢的小玩偶也一同放在旁边。

宝宝只有在晚上哭闹时才放到婴儿床上

一家四口一直睡在特大尺寸的由双人床和单人床拼接的大床上，但在极少数深夜中，创士会不停地哭闹让全家都不得安眠，这个时候就会把他放到旁边的婴儿床上。

体现生活气息的物品放在小木盒中

不想让人看到包装！

这本来是买马克杯时的木质包装盒，现在用来放湿纸巾正合适。因为不想让湿纸巾的包装袋露出来，所以用有盖子的木盒进行收纳。

07

LIVING
客厅

坚持给宝宝选择高品质的
天然和耐用材质物品

宝宝和大人都能舒适愉快生活的自然空间

伊藤家的天井很高，能让阳光肆意地从很多窗户照射进来，是十分开放的空间。

关于家居装修的心得，妈妈说最主要的是一直坚持选用天然材料。比如说地板使用了触感很好的栗木，并且为了调节房间的湿度，还使用了有调湿功能的硅藻泥粉刷墙面。这样拥有自然气息的空间，她十分喜欢。

和这样的自然空间相搭配的是需要不定时养护的古董家具，这些古董家具随着岁月的变迁留下了独特的韵味。一边养护，一边体会它们独有的韵味也是一件十分有意思的事情。厨房的厨具选择的都是对孩子无害的材质，比如铁质或是陶土制的料理器具。让宝宝接触天然材质的物品，空间和时间也都随之变得温柔起来。

家的概况

伊藤广子和礼人（1岁1个月）

伊藤一家四口在大约四年前搬到了这个独立楼房中，广子的职业是杂志模特和调香师，目前还从事了关于心理调香师的一些活动。

宝宝
喜欢的

大人也能一起玩耍的有趣空间

一面墙壁用黑板漆涂料重新粉刷，创造出和咖啡店一样的空间效果。这样设计既不显得粉嫩，又成为空间装饰的亮点。宝宝可以在这里随便涂鸦，是家中颇具艺术气息的玩耍空间。

BABY-GOODS
宝宝的物品

衣帽间 | 卧室
玄关 | 卫生间 | 儿童房
1层

浴室 | 洗漱间 | 客厅
厨房
2层

客厅里复古风格的木质玩具收纳箱

　　客厅是礼人最喜欢玩耍的地方，四处散落着颜色鲜艳的玩具，它们被收纳进复古的木箱中，和房间整体的气质浑然一体。

直接模仿

照顾宝宝的物品放在房间的一角，随时待命

　　用带盖子的篮子收纳纸尿裤，隐蔽性很好，并且因为是天然的材质，所以和空间也能很好地融合。

美观和收纳，一个都不能少！

让客人都惊讶的收纳工具

　　复古的收纳箱子在客厅中非常显眼，箱子里放置了客人用的餐具，每件餐具都是妈妈精心挑选的，显得十分细致得体。

立刻模仿

DD
整洁的技巧

● 餐具和稚气的玩具放在复古的盒子里进行收纳
● 坚持选择能够长期使用的高品质物品

08

清冷的现代设计与自然的完美结合

LIVING
客厅

爸爸妈妈有很多兴趣爱好！

房间的装饰品中有爸爸最喜欢的手办、汽车模型，以及妈妈在世界各国旅游时收集来的原始部落的图腾面具，妈妈可是一位人类学研究者哦！

爸爸
喜欢的

家的概况

深海菊绘和宙（7个月）

房屋用螺旋式楼梯连接的设计概念是建筑学专业的爸爸在大学时候学习的。现在爸爸、妈妈、宙一家三口在一起生活。

DJ空间是喜欢音乐的爸爸不可缺少的

深海家经常会播放音乐，每个房间里都设置了音乐播放器，并且在客厅有整整一面墙被唱片装饰。

五颜六色的宝宝用品给房间增光添彩

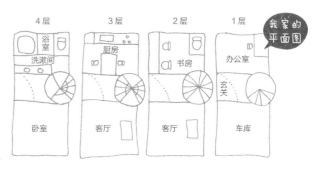

深海家最有特点的就是以旋转扶梯为中心，围绕其左右分布的房间布局，就像从主干中生长出的枝叶一样。妈妈笑着说，"钢筋混凝土的墙壁上刻意保留了原生态的墙孔，表现出很坚固的样子。"虽然这种设计的楼梯会让人觉得空间有点紧缩不够自在，但正因为这样，天井能够很好地敞开，各个房间朝向墙壁的那一面都被窗户代替，每个屋子都非常明亮而且通风效果十分好。进入客厅之后，就能看到巨大的芭蕉叶和发财树，和清冷的现代设计或家居风格不同的是，这里充满着自然的气息，以及强烈的空间延伸感。虽然宙还很小，但在客厅和爸妈一起度过的时间却很长。纸尿裤并不专门进行收纳，而是把它们散落地放在色彩鲜艳的地毯上。妈妈说，"尽量让每个房间的设计都简单自然，这些地毯既可以起到柔软清冷空间的功能性作用，同时鲜艳的颜色特别好看，是家居装饰的好帮手。"

BABY-GOODS
宝宝的物品

橱柜里装满了宙的物品

宝宝一天要换好几次衣服，这些换洗衣物和其他使用频率很高的衣物都整理起来放在柜子里。值得一提的是，柜子的旁边放着一个用来装绘本的小书架，这可是爸爸亲手制作的。

在每个抽屉式的柜子里随意地收纳宝宝的衣服

裤子、罩衫和T恤等衣物都收纳在大一点儿的抽屉里，而袜子之类的小物收纳在小的抽屉里，按照种类的不同区分收纳。

在衣架上直接收纳

每次吃饭都要用的围兜，直接挂在衣架上收纳，洗完可以直接晾干，并且拿取也很方便。

隐蔽的空间也能灵活运用

不容易看到的空间是婴儿床的下方区域，放了备用的纸尿裤。因为有栅栏作为屏障，凌乱的各种包装也变得不那么显眼了。

想要的物品都放在一起收纳，出行时不再为了选择而痛苦！

婴儿床上方放置的小箱子里，放着毛巾、玩具等照顾宝宝时所需的物品，帽子和上衣也挂在这个区域的墙上，只要稍微收拾一下就可以马上出门。

让哭泣的宝宝瞬间安静!?
经典又好玩的玩具！

宙最喜欢的玩耍垫

一般在卧室给宝宝喂奶的妈妈，会将吃饱了的宙君直接放在卧室里。她说，在卧室里也给它铺上了玩耍垫，并且考虑到房间的整体装修风格，特地选择了颜色相搭的垫子。

整洁的技巧

● 房间用大地色进行统一，用玩具和观叶植物进行点缀。

44

09

拒绝多余物品，只要简单生活

执着于北欧风格，在自己偏爱的家具风格中生活

LIVING&DINING
客厅和餐厅

重要的是颜色和大小的统一

广谷家给人的第一印象是灰蓝色的墙壁和让屋子洋溢着温暖气息的木制品，整个家都沉浸在统一的北欧风格中，宽敞的空间让人感到简单而时尚。

"我非常看重物品的颜色和大小，家中的大型家具都是在宜家购买的。为了搭配它们，我在购买小物件的时候也十分留意颜色上的搭配"，广谷女士说。如果色彩统一了，那么整体就给人清爽的感觉。"当然也要控制自己不要随意为家中添置物品。我经营一家家居杂货的网店，每每看到好看的家具，经常有购买的冲动，不过多数都咬牙忍住了。"这种注重功能性和外观，并且用尽心思选择家中物品的妈妈可以称得上是专家级别了。

家的概况

广谷麻衣、拓也、泠莉 (1岁)

这个三居室的房子是大约三年前购置的，一家三口和两只狗狗在这儿一起生活，妈妈经营着一间销售北欧杂货的网店。

地板上不放大的收纳工具会很清爽！

　　客厅里放最小的收纳工具，"职业病的原因，觉得想买的东西很多，但都为了房间的简洁克制着不买"广谷女士说。其实，东西越少打扫起来越轻松。

我家的平面图

狗狗和宝宝是好朋友

　　狗狗们是在灵莉酱出生前就生活在家中的，平时会让它们待在笼子里，因为驯养得很好，所以经常和宝宝一起出去散步、玩耍。

BABY-GOODS
宝宝的物品

经常用的物品要注重它们是否方便取用

　　纸尿裤、宝宝护肤品等都放在方便移动的盒子里，需要的时候可以随时将它们取出。法国产的结实的防水牛皮纸袋中放着布娃娃和毛毯之类的物品。

整洁的技巧

● 东西要少，房间的颜色保持统一，这样看起来很清爽。记住每天都要用吸尘器清扫，吃完饭后立马洗碗、收拾。

直接模仿

宝宝喜欢的

色彩丰富的玩具要藏起来

球等色彩丰富的玩具要藏起来收纳，平时都收在小帐篷里，因为要钻进去寻找才可以玩，所以灵莉很喜欢。

宝宝的小帐篷

小帐篷和北欧风格的房间很搭，并且是爸爸亲手缝制的，帐篷里放满了球和玩具。因为小帐篷广受好评，所以妈妈的网店也准备开始销售了。

收纳工具的颜色和形状统一后更清爽

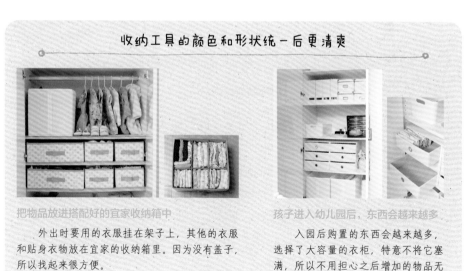

把物品放进搭配好的宜家收纳箱中

外出时要用的衣服挂在架子上，其他的衣服和贴身衣物放在宜家的收纳箱里。因为没有盖子，所以找起来很方便。

孩子进入幼儿园后，东西会越来越多

入园后购置的东西会越来越多，选择了大容量的衣柜，特意不将它塞满，所以不用担心之后增加的物品无处安放。

10

清爽简约的空间
和能量满满的宝宝

家的概况

伊藤和、伊藤邦宣、亘

（1岁6个月）

夫妇都在家具店工作
（ACTUS），在购买了新
建的三居室后，更换了壁
纸就开始了新生活。

LIVING
客厅

我家的
平面图

厨房

客厅

1层

阳台

卧室

西式房间

2层

西式房间

为了让孩子的色彩更加突出，整体的家居装饰选择了简洁的风格

不知道是不是因为爸爸妈妈都在家具店工作，家居装饰显得简洁、干净，让人印象深刻。自从宝宝出生后，爸爸妈妈对于家居装饰便没有那么强烈的需求了，平时只会选择照片或者有纪念意义的物品进行装饰。爸爸说，"我们的装饰品一般是宝宝喜欢的木质玩具，或是宝宝刚出生时的照片。"

空间装饰的原则是尽量不放置色彩鲜艳的物品。他说，"只要家居装饰品的色彩不凌乱，孩子玩具的色彩便会凸显出来。地毯会随着季节变化更替，改变着家居的氛围。"

用篮子代替书架，放置绘本

在两个沙发之间的书桌下有一个放绘本的篮子，从很远的地方就能看到色彩斑斓的绘本，这是希望被大家看到的所谓"凌乱"收纳。

直接模仿

将收拾整洁的客厅变成玩耍乐园

宝宝喜欢的玩具车体积很大，是鲜艳的绿色，放在客厅很有存在感。在塑料收纳架的旁边放上玩具收纳盒，这个收纳盒是将原来透明的盒子重新粉刷而成的。

KIDS-ROOM
宝宝的房间

立刻模仿

宝宝家具让整个空间变得可爱又生动

宝宝房间中的小椅子、小木桌和装饰小物都让屋子拥有满满的木质感，散发着自然气息，桌子和椅子都是ACTUS的商品。

可爱的木质装饰玩具被放在床边，因为是天然材质所以十分安全，无论是大人还是孩子都很喜欢。在不玩耍的时候放置在卧室窗台上进行装饰，从外面也能看得到。

妈妈喜欢的

玩具的分类标准——展示收纳、非展示收纳

电视柜下和宝宝房间内是收纳玩具的区域，因为玩具的数量越来越多，所以有些玩具干脆就被收纳在可以看见的地方。

整洁的技巧

● 宝宝的活动区域周围本身就充满了各种色彩，所以家居装饰尽可能简单明了
● 随着季节更替，更换地毯和抱枕枕套

宝宝空间和大人空间需要明确分开

简洁现代的客厅和温暖的儿童房

二楼是垣自己的空间，这里有着用木质品装饰的温馨氛围。而大人们常待的一楼客厅现代感十足，更加衬托出孩子空间的温暖和柔和。

安全、简约、时尚的客厅

LIVING & DINING
客厅和餐厅

扩大地面的面积，让孩子安全地在房间里玩耍走动

谷藤的家天井很高，充满了自然的气息。妈妈说，"房间的空间设计追求简洁，不被房间的条条框框限制。"她会将自己喜欢的物品收集起来，比如电视旁的收纳架是自己单身时候就有的物品，虽然是在网上购置的便宜货，但是一直舍不得扔掉。为了能让地面的空间尽量大，餐桌的椅子选择了能够将桌子包围的沙发椅。

在清玲可以自己爬行或者走路之后，好奇心特别旺盛。为满足清玲的好奇心，妈妈刻意将客厅的柜子打开，在里面放上一些安全的小玩具，让宝宝随心所欲地拿取，在找寻的过程中得到满足。看着清玲开心地在家中走来走去，妈妈也非常高兴。

家的概况

谷藤春香和清玲

（1岁3个月）

谷藤一家去年购买了新建的三居室，在这里生活的是上班族爸爸、从事制造业宣传工作的妈妈以及刚出生1年3个月的清玲。清玲今年就要开始上托儿所了，妈妈也要准备回去工作。

51

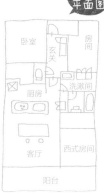

卧室　玄关　房间

厨房　洗漱间

客厅　西式房间

阳台

经常使用的物品集中起来放在一个地方

电视机柜下面收纳着玩具、纸尿裤和平时出门要更换的衣服。收纳在一个地方，不仅在需要给宝宝更换纸尿裤时能顺手拿到，而且在妈妈不在家时爸爸也能轻松找到这些物品。

妈妈
喜欢的

根据每天的心情来更换香味，让心情 refresh 一下

妈妈非常喜欢香薰，在家里常备十种以上的天然精油，根据当天的心情选择自己喜欢的味道。

直接模仿

危险的物品不让宝宝看到

为了让清玲能够在房间里随心所欲地走动，在物品的放置上也是费了一番心思：衣服等物品放在架子上，电脑和空气清新剂等宝宝轻松就能碰到的物品放在架子的最上层，旁边的藤编篮子里是充电器、数据线和遥控器之类的物品。

整洁的技巧

● 不在地板上乱放物品
● 每天都要做扫除，用简单的工具清扫地板，并每周用吸尘器清扫地板三次左右。

考虑到宝宝的物品会慢慢增多，给收纳留下一些闲置空间

外衣、内衣等都放在架子里面，宝宝的成长速度很快，随着他们的成长，所需的东西也会变多，所以在现有的收纳工具中特地保留了一些闲置空间，为将来做准备。

满足宝宝好奇心的架子

大人喜欢的东西也放在上面装饰

架子最上层的抽屉用来收纳爸爸和妈妈的物品，里面是出门时的必需品以及一些按摩工具。

喜欢的东西都放在里面

抽屉里面放了绘本、玩具还有毛绒玩偶，都是清玲最喜欢的东西。

宝宝喜欢的

只放安全的物品

什么都想乱扔，什么都想舔一舔的年纪

只要打开抽屉都是清玲喜欢的东西，毛绒玩偶十分安全、干净，所以很放心让她自己拿着玩。

12

养育男孩也可以营造出有品位的时尚空间

LIVING
客厅

家的概况

保坂菊代和真玖（1岁）

家是带有庭院的二层住宅，里面住着保坂一家：爸爸、妈妈、隆玖（3岁）和真玖。能量满满的两个男孩给人很调皮的印象，但就算是这样，家里依旧保持着十分时尚、整洁的样子。

整洁的技巧

● 玩具的收纳方式，决定了是否能满足爸爸和妈妈对空间的时尚要求
● 趣味性和实用性两者兼具的收纳法

家具间的空隙灵活运用，成为收纳空间

家中的整洁和品位让人无法想象这个家中有两个正值调皮年纪的男孩子。房间的白色主色调与复古的家具相互统一，家中的每个角落里都能让人察觉到爸爸和妈妈的兴趣和品位。

虽然是这样有品位的家，但是两个宝宝都在家时，东西还是会摆放得乱七八糟。新干线的模型连着轨道，小车、电车玩具、绘本散落各处。"男孩子制造混乱的能力是相当卓越的，"妈妈笑着说道，"只能趁着他们出门的时候收拾房间，从爷爷那里拿来的柜子会用作玩具收纳。"

注：和室是有榻榻米的房间。

在这里，他们特别的品位起到了至关重要的作用。在装修时，墙壁用大花图案的布艺品进行了装饰，简洁的装饰中用暖色进行了点缀，便拥有了北欧风格的效果。

直接模仿

玩具放在篮子里，看似随意地放在沙发椅的下方收纳

不想在空间中展现出来的东西收纳在草篮子里，看似不经意地放在沙发椅的下方进行收纳，整体空间很整洁，功能上也起到了收纳的作用。

尿布和纸尿裤放在抽屉里

纸尿裤放在柜子的抽屉中，这个柜子的抽屉很重，宝宝自己是打不开的，尿布和纸尿裤分类放在两边收纳。

BABY-SPACE
宝宝的空间

妈妈
喜爱的

直接模仿

让宝宝看得到的玩具都经过
精心的挑选

"只有小车、恐龙的
手办模型才能放在外面。"
爸爸说。这些可以展示的
玩具放进无印良品的首饰
盒中收纳，颜色和朝向只
要统一就可以。

宝宝
喜爱的

放着宝宝衣物的抽屉里用分隔板进
行分类收纳

在客厅里唯一的柜子里面收
纳了宝宝的内衣和袜子，为了让
收纳更加合理，抽屉里都放了分
隔板进行了分类。

散落在四处

两个宝宝玩耍时的另一番景象

哥哥从幼儿园回来后，会在家
中玩耍。这时候会把柜子里收纳的
玩具和放在沙发下的玩具全部拿出
来，散落在家中各处。

根据品种进行大概的分类

物品集中起来进行习惯性收纳是关键

宝宝们穿的衣服或者是内衣，就
这样用分隔板进行收纳，记住物品放
置的位置是收纳的关键。

13

将房间打造得**收纳力**
十足又干净整洁

家中的装饰——对天然材质的执着态度和能量满满的宝宝

LIVING
客厅

天然材质营造的舒适空间

　　站在装饰着各种植物的房子中，能感受到徐徐的微风从阳台吹进来。妈妈在六年前刚计划装修这所房子时，看重的是房子良好的通风条件。在一整层的房间布局中包括了客厅、宝宝玩耍的空间和妈妈的工作室，一家人生活在无界限感的空间中，屋子好像也变得宽敞起来。妈妈说，"为了更好地结合房屋的通风性，家中的家具和装饰也都使用了天然材质，力求让它们统一。地板和柜子都是实木材质，用来收纳玩具的小篮子也是配合家具风格进行挑选的。"

　　除此之外，在墙壁上给宝宝们添加随意涂画的区域，或者手工做一些装饰品进行装饰。这个能够治愈心灵的空间，让家中每个成员都有舒适的体验感。

家的概况

江口惠子、小花（5岁）、
太一（2岁）

　　江口妈妈是家居装饰和食品艺术专家，经常在杂志上发表有关食品和家居装饰的文章。除此之外，还拍摄了一些电视节目和广告，同时也是美食教室"天然食材料理"的运营者。

1层

玄关　大客厅　宠物的空间

2层

客厅　厨房　可以随意走动的空间

为了光脚走也感觉很舒服，在房间里铺上了椰棕垫子

地板上的垫子一定要选择天然材质，这样宝宝走上去才会舒服。这次选择的是无印良品的拼接式地板垫，不光是孩子，大人们也非常喜欢。

在宝宝够不到的墙壁上尽情地装饰

CD、书、杂货等可以收纳在墙壁的架子上，因为是宝宝触及不到的地方，所以比较放心，同时因为物品收纳在墙壁上，所以解放了地面空间，地板呈现出干净、利落的效果，房间也变得宽敞了。

KIDS-SPACE
宝宝的空间

整洁的技巧

- 天然材质的家居装修，让宝宝感到很舒服
- 一眼望去，颜色和素材形成统一的美感

为了在做饭时也能看到宝宝们的身影，在厨房的正前方设置宝宝玩耍的空间

宝宝玩耍的时候确实需要一直在妈妈的视线内，所以在厨房的正前方设置了宝宝玩耍的区域，这也是一家人团聚在一起其乐融融的场所。

可爱的绘本拿出来，成为"看得见"的收纳

墙壁上收纳着绘本，宝宝喜欢的几本特地拿到显眼的位置成为"看得见"的装饰收纳。宝宝替换自己最喜欢的绘本时，显得十分可爱。

选择材质统一的收纳工具

将玩具、纸尿裤、照顾宝宝的婴儿用品整理在收纳篮里，由于这些物品经常要移动到各处，所以有提手的收纳篮会更方便。推荐竹编篮，可以很好地融入房间的氛围中。

宝宝随手乱涂的区域，在未来成为家中无法复制的艺术区

创建一个可以让孩子随手乱涂的区域

如果总是命令孩子不要到处乱画，效果也许适得其反，所以给孩子创建一个想画就画的区域也许对孩子来说非常重要。如果生活在租住的房子中，在墙上贴上一张纸，作用也是一样的。

想要记录宝宝的成长

宝宝的身高也可以记录在墙上，加上宝宝自己涂的画，整个墙面看上去既文艺又可爱，虽然只是孩子无心的"乱涂乱画"，长大后回看时也会觉得十分有意义。

宝宝喜欢的

无纺布随意剪开，成为独特的墙壁装饰画

在一块无纺布上剪出不同的形状做成墙壁装饰画，因为只是修剪边缘，所以操作起来十分简单。那些不擅长绘画的父母，也很容易完成这个手工装饰品。

14

分类收纳，处理掉
不知如何分类的物品

DINING
餐厅

家的概况

成毛香月和佑月（10个月）

　　成毛家在离上班地点很近的地方购买了三居室，爸爸、妈妈和佑月生活在这里。妈妈是房屋装修设计师，现在正在休产假。从DIY制作收纳架到制订收纳计划，处处体现了妈妈的独特设计。

聪明的"隐藏"收纳和"看得见"的收纳

　　以实木材质为背景使整个家营造出温暖的氛围，隐藏的收纳空间更加注重功能性。妈妈的工作就是房屋装修设计，但她不仅仅只是精于设计，对收纳的规划也很有一套：比如物品置办的数量是根据收纳工具能装多少决定的，超过容量限制的物品要立刻处理掉；再比如宝宝长得很快，衣服很容易就小了，于是小了的衣服立刻在网上卖掉；大人的衣服和小物品在一个单独的房间中收纳，这样做的好处是其他的房间因为不用承担收纳功能而显得更为整洁；除此之外，根据小物品的分类将它们用盒子分别管理，这样做的好处是能够轻松了解某一类物品的存储状况，不会造成重复购置。

巧妙利用空间，绘本是"看得见"的收纳

　　客厅的一角放置着书架，这是妈妈亲手制作的。宝宝的绘本、妈妈的育儿书都放在这里收纳并展示，上面还装饰了一些照片，这里成为名副其实的"家庭图书馆"。

妈妈
喜欢的

客厅的柜子作为"隐藏"收纳空间

　　宝宝的用品因为随时都要使用，所以放在客厅的柜子中进行收纳。最上层还放了一些存货，以备不时之需。爸爸和奶奶一直称赞这样的收纳方式十分清晰明了。

直接模仿

　　书柜下层的空间里放置书和杂志，它们被统一收纳在宜家买来的文件收纳盒里，同种类放在同一个盒子里面，呈现整齐和统一的效果。

巧妙使用分格收纳盒进行收纳

小围裙、帽子等小件服饰，用分格收纳盒进行收纳。隔断很多，能满足所有物品的收纳需求。

怎么解决篮子收纳时物体放置不稳的问题

宝宝的护理用品都放在带有提手的篮子里，篮子中还特地放置了透明的盒子，防止出现瓶子在篮子中不稳的问题。

宝宝护理专用收纳盒最好选用可以随时移动、拿取的款式

这款可以将纸尿裤、擦屁屁湿纸巾和纸巾一起收纳，有提手的盒子是专门为妈妈准备的。提手可以在不用时折在一边，隐藏起来。

各种各样的玩具都可以收纳好

带提手的小水盆用来收纳玩具，拎着它将散落在各处的玩具轻松收纳，十分方便。

整洁的技巧

- 用一次性的黏毛筒迅速完成清扫工作
- 在一个收纳盒中只收纳一类物品，在购买物品之前考虑是否可以在家中的收纳工具中归类放置。

单独房间
用作专用收纳空间

将单独房间设置为收纳区，其他房间会很干净

将与客厅相邻的一个房间设置为收纳房，在房间中放置衣架或储物架，可以收纳大人的衣物和其他物品。在这里摆放了一个沙发，方便挑选和整理，收纳和取用的过程也变得十分舒服和愉悦。

我家的平面图

西式房间　玄关　浴室　卫生间　西式房间　厨房　卧室　床　客厅

15

让宝宝安全、
让大人开心的幸福小家

LIVING
客厅

对大型的收纳空间非常执着，希望保持安全和舒适的空间体验

实木家具带给人温暖的感觉，大大的天窗让阳光和微风肆无忌惮地进入房间，从天井垂下来的绿植在阳光的滋润下茁壮成长着，在这样一个温馨的空间里居住着石泽一家三口。爸爸和妈妈都很喜欢北欧风格的家具，自然风味十足的木板床有着独特的温暖质感，和家里整体的风格十分搭配。除了爸爸和妈妈的衣服之外，宝宝的衣服和玩具也都放在客厅中进行收纳，这是保持客厅整洁的重要原因。简约的空间中，宝宝的安全被当作最重要的关注点。接线板等物品被放置在专用的盒子中隐藏收纳，不能让它们轻易被宝宝接触到。

家的概况

石泽聪美和飒介（1岁）

石泽一家住在一间三居室中，他们购买的这处房子有十五年的房龄，购买后进行了重新装修，成为现在简单并且温馨的样子，非常适合养育宝宝。

妈妈喜欢的

悠闲，能够随时放松下来的空间

客厅的一角是能让人放松的空间，也经常被用当作爸爸午睡、朋友来访或是临时摆放物品的空间。

有品位的装饰小物让房间的时尚感提升

作为摄影师的爸爸最重视的就是他的古董相机，它被放在窗边进行展示，在它周围还一同展示了一些复古风格的小玩意儿。

整洁的技巧

● 确保有大型的收纳空间和收纳盒，用作隐藏式收纳
● 接线板收纳在专用的盒子里，不仅看上去清爽，也同时确保了安全性

大一点儿的收纳篮和专用的收纳空间

各种各样的玩具全部放在大一点儿的收纳篮中进行收纳，宝宝可以快速从中选择喜欢的。同时，为了确保有足够的收纳空间，客厅里的大型收纳柜最下层专门用来收纳宝宝的物品。

直接模仿

小物品放进收纳篮

照顾宝宝时需要的物品、药类等零碎的物品，全部都放进收纳篮中，之后再放进半透明的抽屉里。因为是半透明的，从外面也能看到里面的物品，需要的时候立刻就能找到并取出来。

我家的平面图

2层

浴室　洗漱间
厨房
小阳台
客厅
大阳台

2层

玄关

窗边垂着可爱的小绳子，用来装饰和收纳

用起来十分方便的小型除尘掸子，宝宝的衣服，在幼儿园做的手工奖牌等小物都挂在窗边垂下的小绳子上进行装饰。

↘ 直接模仿 ↗

隐藏潜在的危险，保护宝宝的安全！

接线板、扫地机器人放在有提手的盒子中。为了消除安全隐患，特地将它们隐藏起来，同时兼顾了家居的整体风格。

经常穿的衣服用衣架挂好

宝宝经常穿的衣服用衣架挂在客厅中进行收纳，这样做的好处是能在每次搭配时看到全部衣服，在忙碌的早晨取用十分方便。

贴身衣物卷起来收纳

宝宝的贴身衣物和不怎么穿的衣服，卷起来放在洗衣间的柜子抽屉里进行收纳。抽屉内部用分格工具分开收纳，取用十分方便。

立刻就想拥有的收纳小物

将物品从包装袋和包装盒中取出，排列在收纳柜里

将纸尿裤从包装盒中取出，叠起来收纳在柜架上，不仅看上去很整齐，而且在想要用的时候不用拆包装，取用十分便捷。除此之外，卫生纸、卫生清洁用品也放在同样的地方进行收纳。

只拿出一天用的纸尿裤去客厅

纸尿裤根据每天需要使用的数量分装在小袋子里，和擦屁屁的纸巾一起放置在客厅的大型收纳区域，发现不够的时候就再补充。

16

用大人的眼光挑选家具，
塑造清爽、简洁的家

LIVING&DINING
客厅和餐厅

追求收纳和家居装饰中颜色和材质的统一

楠见的家非常清爽、整洁，让人想象不到这是有两个宝宝的家。这些都归功于没有在显眼的地方放置五颜六色的宝宝物品，而是选用给人带来温馨感觉的复古的家居装饰设计风格。当然，为了能够方便地照顾宝宝，仅仅设计出成熟、有品位的空间是不够的，家居设计的功能性也十分重要，所以要呈现出将收纳融入家居装饰风格的布局。

具体来说，家具和收纳盒都用木制或者藤制的材料进行了统一，颜色也尽量一致，这样就算在家具上放置了收纳盒也不会显得特别扎眼。除此之外，放置在客厅里的物品要尽可能地减少，房间里只放换洗衣物和纸尿裤等一些必需品，不够用时再补充。

干净、整洁的秘诀不是减少东西而是统一色调，这点是从妈妈那里学到的方法。

家的概况

楠见纯子、Nagi（3岁）、
碧（3个月）

在这个春天，碧成为这个家庭的新成员。最近，一家人搬到了两居室的公寓里，趁着搬家的机会把家中的物品好好整理了一下，让空间更加清爽。

每天使用的必需品整理在一起，放进收纳盒中

纸尿裤和照顾宝宝所需要的一系列物品被分成两类放置在婴儿床上，因为注意了折叠和收纳方式，所以可以立刻取用。由于放置的位置已经固定，所以对于完成一连串的宝宝护理工作很有帮助。

宝宝长大的速度很惊人，用租来的婴儿床就够了

使用时间很短的婴儿床是租来的，未来孩子睡不下的时候就退回去，所以不会占用收纳空间。墙壁上用彩色的小旗装饰出十分可爱的家居风格。

BABY-GOODS
宝宝的物品

直接模仿

我家的平面图

2层　客厅　厨房　玄关

1层　西式房间　卧室　洗漱间　浴室　卫生间

整洁的技巧

● 将最常用的必需品放在房间容易看到的地方，其余的放进柜子收纳。如果没有多余的物品，房间自然就不会呈现出凌乱的状态了。

小物全部放在收纳盒中

小玩具和玩偶整理在一起，统一放在藤编的带盖篮子中。同款的篮子在客厅之外的房间里也会放一个。

17

"隐藏"式收纳让空间
看起来更大，便于生活

LIVING
客厅

家的概况

大岛和美、大岛亮、葵生

(2岁4个月)

　　大岛一家生活在两居室的公寓里，爸爸是普通的上班族，妈妈从事广告设计工作。因为喜欢复古风格的旅馆感觉，所以在重新装修时选择了"人"字样式的地板和古老的洋楼门窗。

整洁的技巧

● 每天都要扫除，并且坚持物品使用后放回原处的原则

● "隐藏"式收纳让空间少了些烟火气息

我家的平面图

玄关　卫生间　浴室　卧室　西式房间　厨房　客厅

不想让别人看见的物品放在隐蔽的地方，外露的空间更加时尚有品位

宽敞的客厅中，布艺的小吊床从天花板上垂下来，整个空间充满了时尚和放松的感觉，但在这时尚的空间中仍能立刻拿取到自己想要的物品才是大岛家的家居设计特点。

"我将日常必需品都隐藏了起来，玩具、纸尿裤之类的宝宝用品会破坏整个空间的气质，所以将它们统一收纳在柜子下面的抽屉里或者是桌子下面。同时，为了防止出现收纳了太多物品而不知道到底在哪里的情况，抽屉上用标签进行了标记分类，尽量把物品都收纳在家具中。"大岛说。

收纳的场所一旦固定下来，生活杂物就不会进入视野，外露的空间就会显得特别整洁。大岛的家因为收纳很有规律，在选购时也能避免重复购置或买少了的问题。

宝宝
喜欢的

带把手的小桌子，方便一点一滴的收纳工作

这个带小把手的桌子，是爸爸结合沙发的风格手工制作的。桌板下面是收纳空间，放着葵生的绘本和绘画工具等物品，拿取十分方便。

BABY-GOODS
宝宝的物品

发现灰尘和污物就立刻清除

客厅、洗手池、玄关都放置了扫把，发现灰尘就立刻清除。这样吸尘器只需要每周吸1～2次就可以了，还节约了能源。

柜凳的抽屉闪亮登场

客厅的柜凳不光可以坐，侧面还有很多抽屉，用来收纳玩具和纸尿裤。抽屉的收纳方式也十分自由、简单，可以选择各种形状的收纳盒放置在抽屉中，也可以根据不同物品的大小进行收纳。

18

想让宝宝随心所欲地玩耍

传统、宽敞的日式和室变身

色彩缤纷的儿童房

家的概况

桂久美子、恒二郎、空汰
（6个月）

客厅紧邻着爸爸的工作室，同时也是接待客人的会客室。担当房间设计者的爸爸，和原本在装修公司工作的妈妈一起改造了这个有四十年房龄的二手房。

整洁的技巧

● 自己动手做家具提升收纳能力
● 只要决定了主色调，色彩缤纷的儿童房就不会显得杂乱

我家的平面图

客厅
儿童房
玄关
和室
店铺

主色调是保证房间整洁、清爽的关键

桂久的家是爸爸和妈妈将两栋房子改造成的一栋大房。提到改造，妈妈说，"装修改造真是一个巨大的工程，花费了很长时间。除了照明的电路寻求了装修公司的支持，墙壁以及衣柜、电视柜等家具都是从商店买回材料自己动手制作的。"

客厅的尽头是空太的儿童房，这里原来是一间传统的和室。从家具用品商店买了材料重新替换地板，并且涂上了鲜艳的颜色。

儿童房的设计色彩特别丰富、鲜艳，想做到统一的效果有点困难。因此选用黄绿色和蓝色作为主色调，对房间的整体色调进行了统一的规划设计，这样房间的颜色就算比较丰富也不会有凌乱的感觉，因为有特别显眼的搭配色，所以整体看上去就会显得整洁、清爽。

玩具放在墙壁上进行展示

手工制作的展示架上放着空太的绘本和玩具，它们会定期进行更换，不仅收纳了玩具和绘本，同时也起到了展示的作用，真是一举两得。

妈妈喜欢的

BABY-SPACE
宝宝的空间

屋里时尚的吊床，让人想象不出房间原来的样子

这个吊床是专门为了白天不摇着就不能好好睡觉的空太准备的，是妈妈手工制作的，做好后爸爸把它牢牢地固定在房梁上。

BABY-GOODS
宝宝的物品

木架，也想精心设计

　　木板上开些洞并且用工具进行拼接就能制作出展示架，玩具、绘本和收纳盒都可以放在上面，墙壁上还挂着妈妈的绘画作品。对美好物品的坚持，绝对是这家人的装饰风格特点。

直接模仿

古朴收纳柜的时尚变身

　　原来和式房间里的收纳柜门板被取下来作为柜子的水平面，下层用布帘遮住，收纳内衣和其他一些想要隐藏起来的物品。

放纸尿裤的箱子也是手工制作的

　　放纸尿裤的箱子，这是爸爸用实木手工打制的。箱子有很大的收纳空间，就算以后不再需要装纸尿裤也可以放其他物品。

直接模仿

享受着亲手
制作家具的乐趣

爸爸得意于自己制作的东西

　　电视柜、灯具、挂宝宝衣服的架子都是爸爸手工完成的！

电视柜后隐藏的秘密

　　电视柜的背面设计了放置多功能数字播放机的空间，还特别留出收纳宝宝的婴儿车的地方。

19

用白色统一出简约的黑白空间

LIVING&DINING
客厅和餐厅

家的概况

松本亚矢子、凛空（3岁）、
日向（1岁5个月）

　　爸爸、妈妈、凛空、日向一家四口在两年前搬进了这个四居室的新房中。日向现在可以摇摇晃晃地走路了，经常自己尝试着攀爬，所以要时刻关注他是否处于危险之中。

我家的平面图

2层

1层

玄关

儿童房

厨房

客厅

在客厅中放置最少的物品

妈妈说，"家人经常聚在一起的客厅想要设计成黑白色相间的简约空间。"为呼应房间的白墙，不光是家具，宝宝的爬梯架、地毯也统一使用白色。稍微体现时尚感的只有厨房和桌椅，其余的物品都放在楼上的房间中进行收纳，所以家里显得干净、整洁，让人完全想不到这是有两个宝宝的家。

爬上楼梯取用物品会比较不便，所以在收纳方法上很用心，将常用的绘本、玩具进行标签化分类并放进方便取用的书柜中。这样做的好处是只要对存放物品的位置有些印象，就不用不停地往返于一层和二层之间。

宝宝小的时候可以不用买大型家具

虽然很想要一个沙发，但是现在只放置了一个茶几，这是为了让宝宝有更多的玩耍空间。日向在客厅玩爬架时也能保证有足够的空间，这让大人很安心。

妈妈
喜欢的

防摔倒，让人安心的防滑地毯

瓷砖和地板铺上了有弹性的防滑地毯，白色的地毯衬在白色的地板上，凸显了主人对于白色的偏爱。

整洁的技巧

● 制定好："只在这个房间收纳的物品"和"只在这里收纳的物品"的规则，确定好各类物品放置、收纳的区域，就能解决物品散落各处的问题。

KIDS-ROOM
宝宝的空间

直接模仿

宝宝
喜爱的

不时改变玩具位置，让宝宝每天都能享受到乐趣

　　宝宝每天都玩一种玩具很容易玩腻。为宝宝搭建的小房子里放上彩色的小球，或者是放上儿童用的咖啡小桌和小椅，让他们在白色的绘画板上尽情地画画。为宝宝布置不同的玩耍空间，让他们乐在其中。

房子里各种宝宝物品的收纳技巧

玩具

各类玩具的分类法

　　分层式的收纳柜把玩具根据大小和种类进行分类收纳。因为是半透明的收纳盒，所以在需要的时候一眼就能看到物品所在的位置，收纳时也可以根据分类很快放好。

书

旋转式收纳架上的书

　　想看书的时候，立刻就能拿到喜欢的书，旋转式收纳书柜确实很方便，书柜的一侧还可以展示一些绘本。

衣服

色彩丰富的宝宝衣物在抽屉中收纳

　　暖色系的抽屉里放了凛空的衣服，冷色系的抽屉里放着日向的衣服，抽屉由轻便的塑料制成，即使孩子们自己拿取家长们也很放心。

纸尿裤

纸尿裤随意收纳在抽屉的一角

　　无印良品的塑料抽屉里存放了纸尿裤，宽度正好，没有一点儿浪费，用完后再进行补充。

20

宝宝物品和大人物品在同一个空间，满足家中每个人的居住要求

家 的 概 况

誉士太玲子、阳向(4岁)、
步暖(10个月)

这是爸爸、妈妈、阳向和步暖的家。爸爸和妈妈平时都要上班，每天都十分忙碌，所以十分珍惜一家人在一起的时光。

LIVING
客厅

设下小屏障，让宝宝不碰到展示柜

以白色为主色调、呈现自然风格的客厅，是一家人经常聚在一起的区域。客厅中设置了一整面墙的展示柜，放满了妈妈在生宝宝之前收集的喜爱之物，孩子们玩耍的空间设置在房间的中央，并且还摆放了圆形的、能够让孩子们随意滚来滚去的地毯。

宝宝出生之后，大人们并不想改变房间原来的整体氛围，所以就买了适合展示柜尺寸的收纳盒来收纳玩具。步暖开始蹒跚学步之后，如何防止收纳给宝宝带来的安全隐患就成了重中之重的大问题。比如设计出时尚的收纳方式的同时，设下小屏障，确保孩子不会因为好奇打开柜门而受到伤害，真正留出大人和孩子能和谐共处的空间。

我家的
平面图

房间中央的架子，用来收纳宝宝的物品

　　房间中央的架子用来收纳宝宝的玩具、照顾他的必需品。如果只是为了取用方便而放置，可能会破坏房间的整体氛围，所以选用时尚的收纳盒和竹篮进行收纳，这样就轻松融入了整个空间的氛围。

喜欢的物品自由摆放！这是妈妈心仪的地方

　　"'珠宝''植物'，每个展示柜都有自己的收纳主题。随着季节更替，更新展示品是非常有意思的事情，能让内心产生愉悦和安稳的感觉。"妈妈说。

妈妈
喜欢的

直接模仿

拿取方便的竹篮

　　玩具都放在没有盖子的篮子中进行收纳，不光是大人，宝宝们也能自由拿取。破坏氛围的纸尿裤和擦屁屁纸巾则可以用有盖子的竹篮收纳。

危险的物品放在封闭的盒子里

有些如果被宝宝拿到可能会发生危险的物品如指甲剪、润肤乳、棉棒之类，可以用封闭的盒子进行收纳，这会一定程度上避免危险发生。虽然只是简单地拉开门取用，但是宝宝并不容易做到。

DD
整洁的技巧

- 巧妙使用瓶子、架子、盒子进行收纳。
- 不遮盖的收纳柜里不要塞得过满，要重视空间的整洁感。

放红酒的木箱 DIY 后，做成收纳牛奶的小柜子

放置牛奶的盒子是用红酒礼盒的木箱制成的。不光便于使用，木头的温暖质感也非常契合整个空间的气质，提升了时尚感。

担心宝宝不小心吃下的危险物品，就用玻璃瓶收纳吧

玻璃瓶收纳小物，不仅规避了误食的风险，而且色彩鲜艳，还具有装饰性

橡皮球、玻璃珠等小物有可能会被宝宝误食，那么就将它们放在玻璃瓶里用盖子盖好。因为是透明的瓶子，所以能够看到里面色彩斑斓的物品，十分具有装饰性。

哥哥的玩具用有盖子的大瓶子进行收纳

妹妹还小，哥哥的玩具对于她来说有误食的风险，所以用带盖子的大罐子收纳起来，盖子用布贴好，和其他的玻璃制品收纳在一起。

该怎么办？

小宝宝和宠物一起生活

宝宝在小的时候如何和宠物相处？
关于这个问题我们向儿科及
动物医院的医生进行了咨询。

宝宝与宠物相处的基本原则

首先要牢记宠物是动物，猫、狗等宠物都携带着会引发人类疾病的细菌。即使主人很注意对宠物的清洁，它们嘴里也可能存在细菌病原体，所以要尽量避免它们舔小宝宝。除此之外，平时非常温顺的宠物也有可能会突然性情大变，扑咬别人，所以尤其要关注小宝宝的安全，否则会酿成大祸。

准妈妈在怀孕阶段没必要放弃饲养宠物，但要制定相处的原则，只要家里所有人都遵守原则，是可以在一起和谐生活的。

不要让宝宝和宠物单独相处

小宝宝和宠物共同生活中最重要的一条是"不让宝宝和宠物单独相处"。即使无事发生，但宝宝没有强大的免疫力，嘴周围如果被宠物舔了可能会出现细菌感染。除此之外，宠物有可能会无意间压到宝宝，造成宝宝呼吸不畅。想要宝宝和宠物在一起安心、开心地生活需要很长的一段时间来适应，所以耐心一些，不要着急。除了以上所提到的问题，宠物的毛中会夹杂很多细菌，有医生认为这是导致宝宝过敏的原因之一，所以在宝宝出生之后，要给宠物做彻底的清洁工作。

宝宝出生之前买好笼子

宝宝出生之前，就要将未来宝宝生活的空间和宠物的空间分隔。宝宝如果在垫子上睡着，就无形中让宠物有机会靠近宝宝，所以还是把宝宝放在床上睡觉比较好。

如果饲养的是狗，建议把它们放在笼子中，但是之前散养的狗狗被突然放进笼子里会非常可怜，所以需要在妈妈生产的1～2周前先让狗狗慢慢适应。如果饲养的是猫，那可以稍微安心一些，它们基本上不会主动靠近新出生的宝宝，但是家人要有随手关门的习惯，不要让猫随便进入宝宝的房间。

宠物是给我们带来欢乐的小伙伴，作为主人，我们要学会如何与它们更好地相处。

狗狗 尊重狗狗重视家庭地位的天性

这样对待狗狗

狗狗是群居动物，天生就知道自己在群体中的位置，也会给家庭成员做出等级排序。所以在一开始，它会觉得刚刚进入家中的宝宝比自己的地位低。如果爸爸妈妈只关注宝宝而忽略了狗狗，那么狗狗的情绪就会出现问题。

猫咪 不要让它感觉自己的生活空间被宝宝侵犯了

这样对待猫咪

猫咪本身是独行动物，警戒心很强，宝宝刚回家时，它只会警惕地闻闻气味，不会靠近。所以不要给它们过大的压力，由于精神压力过大而导致猫咪食欲不振、脱毛的例子有很多。

POINT

让狗狗觉得宝宝的到来给它带来了好事

宝宝初次回家的时候，可以先让狗狗闻闻沾有宝宝气味的毛巾等物品，并且在之后要更多地夸奖它，这样狗狗自然就会觉得宝宝的到来给它带来了好事情，他们的关系也会变好。

POINT

让猫咪一点点适应小宝宝的存在

一开始不必让猫咪看到宝宝，让它们通过声音和气味慢慢察觉。适应了之后，可以抱着宝宝和猫咪正式见面，让它们闻闻宝宝的气味，但是不要勉强它们，要让它们觉得宝宝的到来并没有侵犯它们生活的空间。

告诉我们这些的是

赤川诊所所长
赤川元

麻布大学兽医学部、帝京大学医学部毕业。因"每一次出诊都会细心照顾宠物"而获得很高的赞誉，诊所总有很多病患。自己养了一只香槟色的贵宾犬。

告诉我们这些的是

吉祥寺动物医院院长
志甫津大树

麻布大学兽医学部毕业，同时在四谷动物医院工作。医治宠物的时候会把它们当做自己家中的一员，非常照顾主人的心情，因此得到很高的评价。

1岁大的Aoi会在玩耍时不小心被猫咪绊倒。每个屋子都放置了粘毛器随时清理猫咪的毛，同时还放了空气净化器。

宝宝Shion（中）和狗狗Todd（左）、Ann（右）生活在一起。7个月大的Shion非常喜欢动物，每天都和它们一起玩耍。

PART 2

特别想学会的
婴儿用品收纳法

每天都会用到的纸尿裤，
还有随着宝宝长大而不断增多的衣服和玩具……
如何收纳宝宝用品对于想打造一个整洁房间的妈妈来说是最大的难题。
我们总结了大量的好方法，帮助妈妈们在有限的空间中营造出整洁的环境。
让你的房间变得清爽，随时都可以邀请朋友来玩!

东西
越来越多

小了的衣服
怎么办？

想要更高效
地使用空间

妈妈烦恼的问题

解决方案大集合

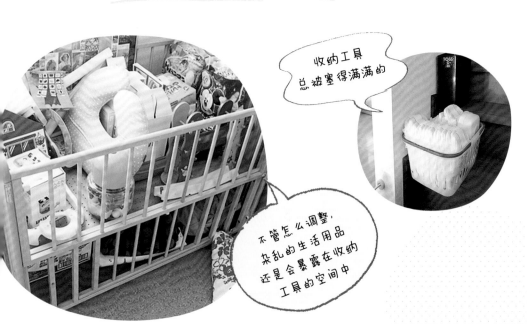

收纳工具
总被塞得满满的

不管怎么调整，
杂乱的生活用品
还是会暴露在收纳
工具的空间中

轻松解决不停增加的"物品"和"心理压力"！

"咦？东西放在哪儿了？"，在该有的地方找不到需要的东西，让爸爸去把那个东西拿过来，结果爸爸根本找不到。这种事情你是不是也常遇到？

针对《Baby-mo》的妈妈读者们做的问卷调查显示，有很多妈妈反馈"照顾宝宝已经忙不过来，根本没有时间打扫""婴儿用品与日俱增，只能破罐子破摔，直接放弃"等问题。

由于东西越来越多，对乱糟糟的房间心烦，从而把这种烦闷感不经意间转移发泄在爸爸身上，这种情况并不少见。

家里迎来了小宝宝，家族成员们喜悦的同时，也会有很多担忧，为了解决这些让人担心、烦躁的问题，让我们一起学习收纳的技巧，轻松享受舒适的生活吧。

Q 现在居住的房子条件如何?

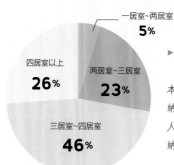

一居室~两居室 **5%**

四居室以上 **26%**

两居室~三居室 **23%**

三居室~四居室 **46%**

▶ **房间大小**

大多数收纳问题产生的根本原因是房间比较小，没有收纳空间！除此之外，还有两代人共居一室，不能有效利用收纳空间等情况的出现。

▲ **房间格局**

根据调查结果显示，三口之家是《Baby-mo》读者中占比最大的家庭类型。未来想要二胎的家庭更倾向于选择三居室（日本的三居室分为有客厅和无客厅两种）。

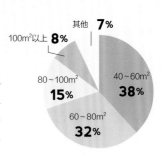

其他 **7%**

100m²以上 **8%**

80~100m² **15%**

60~80m² **32%**

40~60m² **38%**

▶ **公寓还是独栋房子**

让人意外的是接受调查的日本家庭中接近一半都住在独栋房屋。居住在公寓里的家庭也十分向往居住在独栋中的生活，但同时也会担心孩子上下楼时的不便，而生活空间和收纳空间分布在不同楼层也会让人觉得很麻烦。

独栋房屋 **42%**

公寓 **58%**

Q 是否曾为婴儿用品的收纳问题苦恼过?

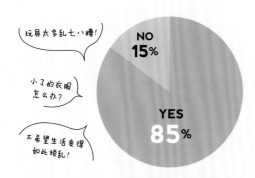

玩具太多乱七八糟！

小了的衣服怎么办？

不希望生活变得如此烦乱！

NO 15%

YES 85%

▶ **具体都在困扰什么?**

以上三点是最让妈妈们苦恼的。还没有解决日益增加的物品带来的收纳问题的妈妈们，从现在起开始学习如何解决它们吧！

80%的妈妈没有想到和宝宝一起生活后物品会变得如此之多，为此她们非常苦恼。

缓解育儿压力的
婴儿用品收纳技巧

地面不要
放东西

放了也要记着收拾整理
这样就不会心烦

宝宝出生后，常用的物品会不断增加。事实上，开始收纳整理的最佳时间段是宝宝出生的前两年，错过这个时间点就会有些覆水难收的感觉。我们向达人妈妈询问了马上就可以操作的收纳技巧。

这是收纳盒子

清扫用品、工具、书籍和备用品等

妈妈的包、宝宝在幼儿园的物品和宝宝背带

纸尿裤 婴儿用品 玩具

婴儿服

玩具

狗狗 Miraku（5岁）
和小主人一起学收纳！

岩佐弥生、伶音（1岁5个月）
　　妈妈岩佐弥生在收纳理论和收纳实践方面都极具经验，经常在电视、杂志、互联网上分享自己的收纳方法，有一定的知名度。她曾经以厨房收纳咨询师的身份创立过专门的研讨学习组织。2014年6月生下女儿，对于和宝宝、宠物一起生活的收纳技巧和工具选择很有经验，大家对她的评价也很高。

最初阶段不要过分追求完美，开始行动更重要！

　　在宝宝长到 2 岁之前是最好的收纳整理时机！

　　育儿用品不断增多，面对乱糟糟的房间有没有感到心烦？事实上，宝宝出生后让人心烦的阶段，正是整理房间的好时机！要利用好这个时间段，慢慢学习整理的方法。

　　即使已经收纳整理好，也不代表就可以放任不管，后面仍需要随着宝宝的成长定期整理。只要掌握好方法，其实操作起来并不难。如果宝宝在进入幼儿园之前，家人就养成了收纳整理的好习惯，那么育儿的压力也会随之减少很多。

63平方米的一居室

\ 粗心的人也可以掌握的 /
收纳方法

- ☑ 为了安心，安全性最重要！
- ☑ 地板和沙发上不要随意放物品，否则会瞬间变得乱糟糟。
- ☑ 在午睡和晚上睡觉前，花三分钟进行整理。
- ☑ 物品添置一个，就扔掉另一个。

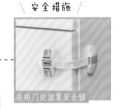

安全措施

在柜门处放置安全锁

防震措施

在柜子顶部放置防止倾倒的固定棒

婴儿用品的整理烦恼

STEP 1 决定收纳地点

宝宝的生活区域 = 收纳区域

　　宝宝日常在哪里活动？大人们习惯在哪里照顾他们？每次换纸尿裤时如果要抱着宝宝去有育儿用品的地方会很累，把经常使用的物品放在触手可及的地方就会很方便。特别是宝宝出生后的前四个月，妈妈的状态并没有恢复正常，所以妈妈要在得到足够休息的前提下再进行收纳整理。在宝宝可以自己活动的时候，把婴儿用品放在他们不易接触到的地方，同时采取相关的安全措施。

妈妈身体的恢复最重要

避免太多的活动，把常用的物品放在宝宝身旁

　　产后的妈妈迅速进入生疏的哺乳和照顾宝宝阶段。为了减轻妈妈的体力负担，把需要的物品放在宝宝身旁。如果宝宝白天和晚上在不同的地方睡觉，那么在两个地方都各准备一份物品。

检查保护措施

地板保持干净、卫生，收纳的同时也要进行简单清扫

　　既为了避免宝宝吸入灰尘或者吃到垃圾，也为了打扫起来比较方便，地板上尽量不要放物品，垃圾也放到宝宝接触不到的地方。

检查较高处的收纳

准备一些安全用具，宝宝可以伸手接触，满足他们的好奇心

　　宝宝的眼睛总往上方看，手也很灵活，好奇心的与日俱增会让他们想要试着打开抽屉。所以安全起见，为抽屉和柜门装上安全锁。

STEP 2 检查现有的物品

3秒判断物品分类

爸爸妈妈的物品重新整理，留出空间

决定收纳的区域后，就开始整理放在该处的物品，腾出空间。只有把现有的物品重新整理后，才会有空间可用，可以趁着这个机会把没有用的物品也整理一遍。整理的意思不只是"扔掉"，可以定期按照以下三个类别整理，这样就能够筛选出不用的物品，过上清爽的生活。

按照这三类进行 整理=放手！！

《 不适合继续使用的物品 》

送给别人
回收利用
扔掉
放在箱子里收起来
（一年检查一次）

《 将要使用的物品 》

正装、其他季节的衣服
（贴身衣物、泳衣等）

▼

收纳场所
● 衣柜的最里边
● 收纳柜高处，或者比腰还低的位置

《 现在正在使用的物品 》

平时穿的、上班穿的衣服

▼

收纳场所
● 衣柜外面
● 收纳柜腰以上到眼睛平视的位置

STEP 3 放置婴儿用品

宝宝的东西只放在这里

只放置能放入的量

婴儿用品如果一次性买齐，会出现暂时用不到的物品。相信很多人都遇到过这种问题，空间被暂时用不到的物品占据。所以尽量避免买太多，只买能够放得下和马上就用得到的物品。

在整理过现有物品后，再购买新的收纳工具

多买一些收纳工具，家中就可以被整理得更整洁吗？很多人都很容易这样想，可实际上也许会让家中多出更多的物品，所以整理过一遍现有物品之后，再根据空间的闲置情况购买收纳工具。

为了让任何人都能一眼看明白收纳了什么物品，在收纳过程中推荐使用标签。这样就很容易区分物品的类型，爸爸也不会搞错，在周末可以一起整理哦！

各种物品的
收纳规则

需要花一些工夫收纳需要备用的纸尿裤和
不断增加的玩具等物品。只要掌握了规则，
做起来并不会特别麻烦。

【纸尿裤和护理用品】

放在轻松就可以拉出来，
且没有盖子的盒子里

这两类物品每天都多次取用，所以放在没有盖子的盒子中，把盒子放在电视柜上，这样可以节省打开盖子或者抽屉的时间。"在家中时，我经常在地板上哄宝宝睡觉，所以把纸尿裤等物品放在即使坐着也能够得到的地方。"妈妈说。

> 存货
都在这里

▶ 卧室的小推车

纸尿裤、湿巾、棉签等都存放在小推车里。推车放在卧室里随时待命。本来是爸爸工作时用过的物品，现在拿来灵活运用。

> 全部整理
在这里！

能用 1~2 天的量放在宜家的布制收纳箱中。玩具和护理用具也可以这样放置。

> 纸尿裤

棉棒、体温计、擦屁屁纸巾、湿纸巾等物品放在这里。不要叠放，这样一眼就能看到。

> 护理用品

【婴儿服】

现在正在穿的衣服，最多安排四个抽屉的量

靠墙柜子下层的抽屉，在产前用来放杂物，产后在这里放置宝宝的衣服。在整理后，将原本抽屉里的物品挪至柜子的上层，由于抽屉的空间不大，所以只放了宝宝当季所需的衣物。

▶ 贴上标签

因为想要很容易地区分衣物，妈妈做了标签。贴身和连体的衣服在收纳过程中都进行了标记（因为贴了标签，爸爸也可以很方便地将用过的物品放回原位）。

婴儿用标签贴纸。黑白条纹（18张）和黑白花纹（15张）。另外还有没有图案的标签(20张)。

▶ 用 Nitori 的盒子分隔

抽屉中的东西放入整理盒（Nitori），按物品类别进行区分。盒子是半透明的，所以放在各种地方都能快速知道里面存放了什么物品。

这里装着棉衣、连衣裙、出门穿的衣服。天冷的时候把连衣裙换成厚实的衣物。

这里放的贴身衣物、长袖T恤、裤子，是这个季节的主要衣物。去幼儿园时需要穿的衣服，也可以在这个抽屉里找到。

这里放帽子、围裙等衣物。容易弄脏的小物整理成四方形方便区别。右边放着喜欢的泳衣和毛巾。

暂时不穿的衣服、想要保留的婴儿用品……都是不能用纸袋保存的物品

这些婴儿服和用品是否真的想要留下，这个问题需要好好考虑。如果放在纸袋子里，物品绝对是越来越多，所以并不可行。选好箱子，建议只放入正合适的量，然后每年检查一次，如果觉得不再需要就直接处理掉。

标清再次检查的日期

【绘本】

确定数量之后，可以整理为"看得见"的收纳

用并不昂贵的书架收纳这些让人心仪的绘本，由于书的数量会不断增加，所以准备自己再做一个创意书架。淘汰的书，可以直接捐出去。

随时更换宝宝喜欢的绘本！

立式书架不仅可以让人看到侧面的文字，书籍的封面和封底也都可以看到。只要改变绘本的收纳位置，整体的气氛就会变化。

【玩具】 将所有玩具进行分类

从妈妈的角度，将玩具分成1类和2类。1类指的是经常玩的玩具，将它们收纳在透明的收纳盒中，并且放置在宝宝容易拿到的地方，比如电视柜上。2类是不怎么玩的玩具，一般不放在盒子里。

很小的玩具放进收纳文件的收纳工具里。

2类

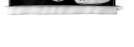

放置玩具的数量，是根据收纳盒的容量来决定的。玩着玩着就不喜欢了的玩具有些拿去送人，有些就送到回收站处理掉。

为了不让体积很小的玩偶散落四处，一般用盒子收纳它们。也可以使用洗衣服用的袋子或者是文件盒子。

1类

将1类玩具放在宜家的布制收纳盒里，它有柔软的质感，让宝宝自己拿取也十分安心。和放纸尿裤、婴儿用品的盒子放在一起。

体积很大的物品一定要确定好是否有收纳的空间

在购买大型物品之前千万不要冲动，买之前想一想，家里有地方放吗？没有地方放置，是不是未来会被扔掉？如果没有考虑清楚就冲动购物，会给家里造成杂乱感，所以请在确定好是否有收纳空间后再购买。

【其他物品】 药和母子健康手册

**给收纳箱标上标签，
让家人能一目了然，
知道收纳了什么**

药品一定要隐藏好，不要让宝宝轻易拿到。母子健康手册和幼儿园的重要文件也一起收纳在宜家的收纳盒里。这个区域还可以放一些宝宝的其他用品。

妈妈的包和婴儿背带

**收纳困难户必看！
在一个空间内完成所有收纳**

这个区域的下层放置了外出时需要用的物品。软塌塌的婴儿背带放进篮子里收纳，妈妈外出和宝宝上幼儿园时用的包固定收纳在这里，千万不要随意乱放在外面。

断奶后的食物和零食

**喂宝宝吃的东西
一定要固定区域摆放，
并且将危险的物品藏起来。**

断奶后的食物和零食以及喂食工具放在厨房中进行收纳，厨房是十分危险的地方，所以最好是隐藏收纳。零食放在固定的零食箱中，为了能看余量，可以直接放在操作台上。

零食

在有盖子的收纳盒（大创）中收纳宝宝零食，贴上标签，这样除了妈妈以外的其他人也能轻松找到。

小碗和饭盒

宝宝每天去幼儿园午餐时用的饭盒、小碗、小毛巾等物品，也可以隐藏收纳，放在抽屉里。

包装巨大的纸尿裤该怎么办？

纸尿裤

如何灵活运用有限的空间，用可爱的工具进行收纳是大家比较关注的。我们将大家的意见整理后进行了总结。

首先从纸尿裤的收纳开始！

法国牛皮纸防水收纳袋，牢固并且多功能

　　容量大，所有的纸尿裤都可以在一个纸袋中完成收纳，拿取十分方便。有了它，不用再从包装中拆出纸尿裤了。

一个包装，清爽方便

带盖子的竹编收纳篮，是收纳纸尿裤的好帮手

　　纸尿裤的包装会破坏整个房间的气质，所以只拿需要用的数量放在篮子里，剩下的放在柜子里收纳。

纸尿裤

纸尿裤

收纳在浴室的白色箱子里

因为经常在浴室给宝宝换纸尿裤，所以这类用品就放在卫生间的洗脸台附近。为了和周围的色调统一，选用白色的收纳盒进行收纳。

空盒子贴上标签，再用木夹子固定

外卖餐食的餐盒，贴上标签就变成了时髦的纸尿裤收纳盒，再用便宜的木夹子固定在婴儿床边。

奶奶手工做的收纳包，是收纳纸尿裤的好帮手

奶奶亲手缝制的收纳袋有十分可爱的刺绣图案，挂在墙上垂下来，有效利用了空间。宝宝长大后还可以放置睡衣等物品，是一件可以长期使用的好物。

爸爸不用的碗柜用来收纳宝宝物品

爸爸一个人住的时候使用的碗柜变身成收纳宝宝物品的专用柜。原本的木色柜身被白色油漆重新粉刷覆盖。

收纳在妈妈不用的编织包中

闲置很久的编织包，在收纳纸尿裤这件事上又派上用场。不仅能收纳比较大的物品，并且放在房间里也显得十分时髦。

北欧风格的收纳盒，存放照顾宝宝的物品

　　纸质收纳盒（Sostrene Grene）放了纸尿裤和照顾宝宝要用的物品。将它们叠放或是并排放置，都显得十分可爱，在未来还可以放宝宝的玩具。

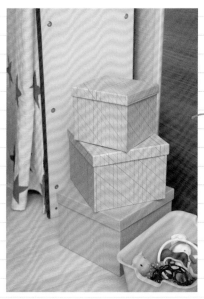

文件收纳架，存放纸尿裤

　　把纸尿裤放在文件收纳架里，拿取十分便利。同样，浴巾、衣服也可以这样收纳。

将纸尿裤放入有扎口的袋子中，再放进篮子

　　打开袋子能看到里面的纸尿裤和照顾宝宝所需的物品，篮子里放置的收纳袋不仅搭配起来很漂亮，用起来也很方便。不用的时候系上袋口就什么也看不到啦。

有扎口的布袋放在草篮子中

　　这种搭配刚好可以装下市面上常见的纸尿裤包装尺寸，因为是布制的，所以很轻巧。宝宝不需要纸尿裤之后，也可以收纳玩具。

又轻巧又结实的纸袋十分顺手

　　将纸尿裤从包装袋中取出来和擦屁屁纸巾一起放到纸袋中，放在客厅中让人完全想不到这里面放的是纸尿裤。

三件套收纳盒的完全利用

　　宜家购置的收纳盒子三件套里面放置了各种婴儿用品，放在客厅和家居装饰融为一体。

可随处悬挂的可爱布包

手拎包（Cath Kidston）
用S型钩挂固定在客厅的椅
子背面，可以装下一整天的
纸尿裤。

纸尿裤的屯货放在房间的角落收纳

买回家的纸尿裤从包装中取出，放进收纳袋
中，虽然一般不会故意囤货，但是只要纸尿裤数
量减少就会去购置新的。

篮子！篮子！篮子很方便

带盖子的收纳篮子(nitori)
用来装纸尿裤。有提手的篮子
(3coins)用来装纱布和小围裙。
宝宝不用纸尿裤之后篮子还可
以盛放内衣。

民族风篮子

打折时半价买来的小篮子（LE JUN）
能把纸尿裤、擦屁屁纸巾都收纳进去。宝
宝长大后准备用来收纳乐高玩具。

可用作家具的纸尿裤收纳箱

　　手头用的纸尿裤和未来的存货都放在这个收纳箱中。收纳箱大概能放下两大包的纸尿裤，取用时也挺方便的。

放进小篮子，盖上漂亮的布

　　虽然是很百搭的可爱篮子，但是装上纸尿裤气氛一下就被破坏了，用一块漂亮的布盖在上边，可以拎到任何地方。

"看得见"的收纳是让家居装饰变得自信的关键

　　纸尿裤和照顾宝宝的工具都放在玩具小车里进行收纳。给宝宝换纸尿裤的时候，1岁半的姐姐会推着小车将纸尿裤送来。

圆柱形的收纳柜

圆柱形的塑料收纳柜（katell）里放满了纸尿裤、婴儿用品和一天需要换的衣服。安放在客厅中作为家具，十分出彩。

把它们放在一起，避免找不到！

照顾宝宝的物品

宝宝需要细致的照顾，所以用来照顾宝宝的物品种类和数量繁多，将它们集中放置在宝宝身边，以备不时之需。

上层放围兜和发夹，中层是乳液和指甲剪，下层放袜子和手帕。另外，只放白天外出时穿的衣服和想要带出门的物品。

用S型挂钩把必需品挂在婴儿床的旁边

宝宝很小的时候，把必需品放在婴儿床边是最好的。巧妙使用S型挂钩把盒子挂在床边不危险的地方，使用便利，看起来也很漂亮。

推车里放着婴儿用品

宜家购买的推车收纳架里放满了宝宝的物品，中层和下层放了宝宝的玩具，最上层放置不想让宝宝接触到的婴儿物品。

卫生用品放在收纳盒里，取用很方便

　　用一个有分格的盒子放置细碎的卫生用品，显得十分清爽。放在洗手台边上也很合适。

大小不同的草编篮子里放着各种照顾宝宝的物品

　　婴儿用品虽然都收纳在篮子里，但需要按照种类放置在固定的位置上，方便取用。

角落的篮子里藏着婴儿用品，也很时尚

　　保湿乳液、棉棒、指甲剪放在篮子里统一收纳。宝宝洗完澡后，大人拎着它去照顾宝宝也很方便，不用的时候用布遮住就可以。

可爱的木盒也可以盛放照顾宝宝的物品

　　用来收纳照顾宝宝物品的木质小箱子十分可爱（常用来放急救用品），尺寸刚好，移动也很方便，妈妈回娘家时也可以随身带走。

可爱的篮子盖着手工织物，
半隐半现的收纳很时髦

　　篮子上盖着的是手工
织物，让人想不到这里盛
放着婴儿用品。小织物上
还加了两个毛绒小球，是
十分可爱的风格。

不光是妈妈，爸爸也能方便使用

　　这些照顾宝宝的物品都很小，所
以不被宝宝看到的安全收纳是最重要
的，但是也要考虑爸爸是否可以一下
子找到。

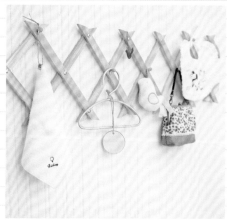

无意间搭配的篮子，美得像幅画

　　午睡用的毯子，抱宝宝用的背带，随意地
放在篮子里，整体效果让人很舒服。

木质挂衣架

　　木质的挂衣架，用长钉在墙上
固定好，可以收纳一些轻巧的物品。

布质收纳盒（Cath Kidson）

　　在家中，宝宝会在任
何地方换纸尿裤。乳液、
擦屁屁纸巾放在可以提着
走的收纳包里十分方便。

一下就能带走的收纳工具

带提手的布制波士顿收纳包平时放在客厅里，晚上提着挪到卧室。照顾宝宝的细碎物品放在里面，使用起来十分方便。

经常使用的东西放在最上层的抽屉里

一天之中要多次使用的婴儿用品，为了拿取方便放在抽屉的最上层。当数量不够时就从柜子中再拿新的填补进去。

把物品收纳在宝宝不易接触的沙发下方

沙发的下方是在无印良品购买的透明收纳盒。纸尿裤、擦屁屁纸巾囤货有很多，把它们都收纳在这里。

晾干和收纳一举两得的悬挂方式

抱宝宝时用的辅助工具有时候会残留汗味和湿气，挂在架子上收纳既可以晾干，下次出门时拿取也很方便。

想要传下去的古朴箱子

从奶奶那里拿回来的古朴药箱，放了降温贴和其他宝宝常用的物品。

为了拿取方便，抱宝宝的辅助用品放在有提手的篮子中

婴儿背带等工具放在篮子中，挂在婴儿床的一侧，拿取十分方便。为了保护经常使用的提手，用手帕绑好，也起到了装饰作用。

各种草编收纳工具放在一起

带盖子的草编工具正好可以容纳奶粉罐。旁边无盖的篮子里放着奶瓶和吸奶器，红色小盒里放着棉签。

可以提的收纳包一直是妈妈的心头爱

蓝白条纹的手提包上有只可爱的小熊，这是用来收纳纸尿裤和其他物品的，出门时拎起来就可以直接出发。

BABY CLOTHES

眨眼间就穿不下了！

衣物

宝宝的衣服和小物都很小，所以容易分不清。灵活采用分类收纳和"看得见"的收纳，能让人一目了然。

在洗衣机旁收纳

　　每天穿的衣服都放在大篮子里，直接放在洗衣机或者烘干机架的上面，烘干之后直接放进柜子，十分方便。

没有盖子的收纳盒，一个动作就能完成

　　价格低廉的塑料收纳盒用来装毛巾、手帕，因为希望收纳的效率变高，所以特地选择了没有盖子的盒子，中意的衣服也直接挂在柜子中，打开衣柜的瞬间心情就晴朗起来。

喜欢的衣物挂在墙壁上，装饰了整个房间

　　经常穿的小衣服作为房间的装饰物直接挂在墙上。这样做的好处是避免了衣服出现折痕。

爸爸用红酒包装盒手工做成宝宝衣物收纳盒

因为不想使用廉价的收纳盒，所以把红酒盒稍作改造加上盖子，用来收纳宝宝的衣服。

"看得见"的收纳装饰了家的一角

木质的衣架挂着特别喜欢的衣服，成为家居的装饰品。纸质的收纳盒里放的是玩具。

用透明收纳袋进行分装，方便随时取用

根据所装物品的尺寸和种类用带封口的食品保鲜袋进行分类。只要放在密封好的袋子里就不会招来虫子。

像在商店里展示一样，放在这里就很好

放在可以移动的架子上就是一种收纳。用小标签给它们标号，装饰上可爱的小挂件，看上去就像是商店里的样品一样。

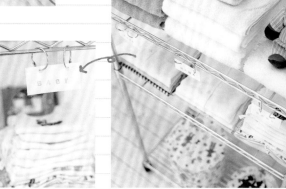

幼儿园里用的物品，放在宜家购置的文件柜里收纳

　　收纳宝宝幼儿园衣物的是宜家的文件柜。因为家里有三个宝宝，所以每个宝宝都有一行，标上名字。在幼儿园和学校里使用的东西也可以一并放进去。

巧妙运用分格盒，给分类带来更多便利

　　衣柜里放上带有分格的盒子，将内衣和 T 恤分开，固定衣服的放置区域。

睡衣收纳进草编手提箱，然后放在客厅里

　　玩耍时间结束后，立刻就能拿出睡衣去浴室，十分方便，漂亮的草编手提箱也会给房间的整体气质加分。

宜家的悬挂式衣物收纳袋，用来收纳每天要穿的衣物

一天中需要更换好几次的物品，比如连体婴儿服、内衣、T恤放在拿取方便的地方。不用叠好，只要方便取用就可以。

挂着收纳、叠好收纳，柜子里的衣服都放在一个地方

收纳场所固定在一个地方，就很容易取用物品。衣架上挂着的是新买的衣物、每季都可以穿的衣服和抱宝宝的婴儿背带。不要放得太满，方便取用是关键。

灵活运用宜家的分格收纳盒

用宜家的分格收纳盒根据种类进行分类。上层主要是小物、内衣、外服等物品，被折成小块收纳在里面。

分类物品用标签标好

袜子、围裙、毛巾等物品折起来收纳，根据种类标上标签，这里还可以收纳一些目前还穿不上的衣物。

用喜欢的收纳盒统一收纳

衣柜里放入了两种颜色的盒子，让人感觉协调和统一。盒子里按照宝宝衣物的尺寸和种类进行分类。

带盖子的篮子里放了袜子和其他小物

已经成为家居装饰一部分的小篮子里放了袜子等小物。因为篮子是带盖子的，所以可以将里面所盛物品遮住，不会让空间杂乱。

用喜欢的小物让拿取更加方便

木质的三轮车里放着小围兜，可以直接取用。带有格子、波点图案的围兜是妈妈亲手制作的。

将承载着满满回忆的衣柜重新装饰

妈妈一个人居住时的衣柜被重新粉刷，现在用来放宝宝衣物。

可爱的纸盒里面放着围兜

粉红色的波点纸盒里收纳着宝宝的小围兜,用粉色系进行了色调的统一，随着宝宝长大会有新的物品加进去。

宝宝的衣物放进化妆包，缩小体积进行收纳

换洗次数比较多的宝宝衣物，洗完之后就直接塞进化妆包。化妆包放在客厅里，方便在客厅为宝宝换衣服。

**大抽屉里放置分隔工具，
取用简单明了**

　　物美价廉的抽屉分
格盒将抽屉一分为二，
当然也可以在市面上买
普通的塑料分隔板剪好
后自己分格，将衣物圈
起来收纳，非常方便。

**宝宝穿小了的袜子，可以串
起来做成窗帘装饰**

　　宝宝穿小了的袜子串
起来用作装饰窗帘物，小
小的，五彩缤纷的小袜子
挂起来真是超级可爱。

向商店学习，卷起来收纳

　　袜子之类的小物，卷起来放在盒子里。颜色鲜
艳的购物纸袋中装着围兜。

灵活运用收纳盒进行分类收纳

　　要带去幼儿园的毛巾、吃饭时用的小围兜放在
一个抽屉里收纳。发卡、袜子、手帕类的小物也可
以放在取用方便的收纳盒中。

Toy

乱七八糟散落各处

玩 具

散落在各处的玩具的收纳技巧
——大致收纳，选择大的收纳工
具，让孩子也能参与收拾整理。

宝宝的房间是黑白色相间的波普风格

　　将随意乱放的玩具收纳在小车或者是
帐篷里。黑白色调的装饰让整个房间没有
稚气，十分时尚。

玩具放在宝宝房间的柜子面上

　　柜子里收纳了宝宝的绘
本，柜子上的篮子里收纳了
乐高玩具，柜子上方的墙面
是手工制作的衣架，上面挂
着宝宝喜欢的衣服。

玩具集中收纳

　　玩具集中收纳在竹篮中，并用布遮挡。为了能
够方便拿取，盖子一直都是打开的。收纳的时候也
不分类，随心所欲地扔进去。

特地选择颜色鲜艳的玩具收纳袋

色彩教育对宝宝是必不可少的，所以购置了鲜艳的亮红色收纳袋（Sasyy），除此之外宜家的收纳盒使用起来也很方便。

软软的收纳，两个收纳桶放在一起

为了能随心所欲地收纳，用两个质地较软的收纳桶来收纳玩具。因为质地柔软，宝宝不会被它磕伤，不用的时候也可以随意塞到某个缝隙里。

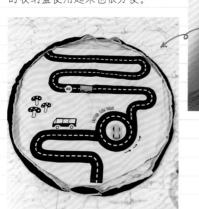

手工制作的玩耍地垫让收纳更方便

因为喜欢手工制作，所以做了一个水桶包，将包平铺打开后，在上边缝制了可以搭配玩耍的圆形地垫，宝宝可以打开背包直接玩耍，玩后一拉收紧带，里面的玩具就一起收纳了。

儿童厨房里收纳其他玩具

儿童厨房也可以收纳绘画用的蜡笔，小橱柜下层的架子上放置一个可以盛放零散小玩具的收纳盒。

偏爱黑白色调，让空间更加时尚

毛绒玩具放在右边的袋子里，袋子是手工制作的，现在用来放玩具，未来准备作洗衣袋。

手工制作的儿童厨房拥有超强的收纳能力

儿童厨房是宝宝的叔叔制作的，在椅子和柜门的地方做了特别的设计。把竖着立放的书架放倒后当作书桌使用，里面叠放着收纳盒（nitori），收纳能力十分强大。

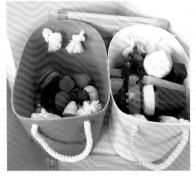

粗麻绳用来做提手，宝宝也可以轻松搬运

轻巧柔软的塑料桶里收纳着玩具，在未来也可以在其他地方发挥作用。

合上盖子后变得很整洁，叠放也可以

带盖子的收纳小桶（omnioutil）最开始是为了收纳纸尿裤特地购置的，现在用来收纳玩具，只要合上盖子，还可以当作椅子。

白色的收纳篮和收纳盒，给空间创造整齐感

散落各处的玩具从房间的一角蔓延至整个屋子，不要沮丧，开始整理才是最重要的。把绘本、绘画道具、玩具分类收纳进白色的收纳篮里。

合理利用空间，可以保持整洁感
　　用架子中大小规格相符的
格子和收纳盒收纳玩具。

　　把拼图和橡皮泥装
在编织袋里收纳，然后将
编织袋用S型挂钩挂在
架子上。

**多格收纳柜是收纳玩具和绘本的
好帮手**
　　宝宝很难自己举起很重的
收纳盒子，但是推拉这些收纳盒
子就会显得相对容易，可以用布
袋子和收纳篮将玩具分类。

用宜家柜子加上竹编收纳盒完成清爽的收纳
　　宜家的收纳柜子加上竹编收纳盒（nitori），
这种搭配非常清爽，也能留存一些剩余的空间。

将玩具根据大小和种类进行分类

竹篮编织收纳盒（nitori）的尺寸是 L 和半 L，将乱七八糟散乱各处的玩具整合到一起完成收纳。

玩具一定放在这里

玩具不断增加，收纳它们的场所十分重要。用洗衣袋（Pilier）收纳玩具，放不下的时候就分一下类。

在收纳盒上贴上照片，让宝宝自己学会收纳

收纳盒上根据种类贴上照片，这样宝宝和爸爸都能了解里面收纳的物品类型。非常便宜的纸巾架当作玩具展示架。

实物比照片更完美的宜家收纳家具

颜色清爽的台阶式收纳柜是宜家的明星产品。宝宝们的玩具全部都放在这里。不仅可以根据情况进行调节，抽拉也十分方便！

即便弄乱也没关系，只要是绘本就可以

📖 绘 本

可爱的绘本一般用"看得见"的收纳方式。放在位置较低的地方方便宝宝自己拿取，收纳起来也比较容易。

喜欢的绘本拿取方便

　　杂志收纳架上放置了宝宝喜欢的绘本。宝宝随便乱折也不会损坏的绘本放在这里收纳，墙上贴着代表宝宝年龄的可爱贴纸。

书架是用木板手工制作的

　　因为心仪的书架价格较高，所以下决心手工制作一个。在家居建材市场购买了实木木板，自己进行了组装和拼接，之后再给它刷上绿色的油漆。

收纳篮子放在摇椅底部

　　宝宝摇椅的下方放置了收纳篮子，用来存放CD、DVD和绘本。

放进竹篮里，时尚又便于移动

绘本放进竹篮，白天放在客厅，晚上睡觉时拎到卧室，十分方便。

儿童凳用来做书架

宜家的桌凳组合里有两个小凳子，其中一个用来做书架。现在绘本还比较少，用一个相框来充当书档就可以。

杂志架上放了绘本，像在书店里一样

床边的杂志架里放了一些有可爱封面的绘本，作为室内的装饰也是很不错的选择，环保又不占地方。

绘本和玩具搭配着放在收纳柜上

绘本放在墙壁收纳柜上。为防止绘本倒下，选用了无印良品的通用型塑料书档。

红酒箱装上滑轮，方便拉取

如果不把绘本放在书架上，还可以放在红酒箱里，然后放置在桌子的下方，为了更方便拉取，可以在箱子底下安装滑轮。

绘本的外封取下，放在文件夹里

绘本的外封取下后，放在透明的文件夹中（大创），去掉外封的绘本阅读起来更方便，也能较好地保护外封。

DIY一个装饰品般的书架组

为了让女儿自己取放绘本，将架子和柜子搭配组合（home center），成为宝宝绘本的收纳区，烟熏蓝让人非常喜欢。

绘本太多，分类收纳

书架是宝宝的叔叔亲手做的。绘本有点多，所以分了两层放置。旁边的抽屉柜里放置了一些玩具。

男宝宝的房间拒绝太可爱的摆设

放置着色彩鲜艳绘本的书架上装饰着冷色调的花环图片，在宜家购买的墙壁贴纸和相框成就了非常清爽可人的空间。

"每周一本"，睡觉前的故事时间

宝宝房间里的绘本角，每周宝宝会在里面选择"每周一本"。让宝宝抱着自己喜欢的玩偶，养成睡前听故事的好习惯。

实木小厨房也可以变成书柜

给5岁的女儿买了实木的过家家厨房，除了满足姐弟两人一起玩耍的需要，还可以当作书柜使用。

围绕着书架，布置宝宝的房间

宝宝超爱绘本，所以房间以绘本为中心进行了布置。为了让绘本拿取更方便，选用了"看得见"的收纳方式。

像图书馆里的绘本区一样

买了拦截杆和木材辅料自己制作了书架，设置成为宝宝可以够到的高度，和图书馆的绘本区一样棒。

把箱子 DIY 成过家家厨房

过家家厨房是爸爸和妈妈手工制作的，厨房的基础竟然是普通的柜子，收纳功能很强大。关上门以后里面的物品就被遮挡起来，和其他家具也能很好地融合。

很清爽！

要不断展示，时不时换一换

喜欢的绘本放在外边当作装饰，其他的就收纳起来。一旦收起来可能就不再看了，所以时不时换一下，也当作换心情。

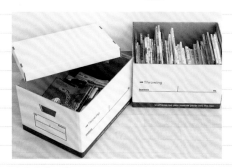

绘本的专用箱子

制作一个绘本专用的箱子，每个宝宝的绘本分开放置，方便他们自己取用。

宜家的墙边收纳柜中放了绘本

宜家的收纳柜可以盛放玩具或者绘本。市面上的收纳柜一般都很大，租住的房子放不下，但如果是这种放在墙边的收纳柜就不会有问题。

别收，当做装饰！

纪念品

用成长的纪念品或者难忘的
回忆打造出独一无二的房
间，将照片洗印出来吧。

妈妈的品位装饰

　　旅行时淘到的各式各样的相框里放上宝
宝的照片，装饰在客厅的墙面上。

**把社交软件上记录的
宝宝做成日历**

　　在工作间挂着
用社交软件"letter"
制作的宝宝日历。
每个月都会寄给
生活在远方的爷爷
奶奶。

屋子里是满满的幸福

　　每月29日是我们的拍照日，疯狂
地拍了很多宝宝穿着纸尿裤的照片。用
纸绳将它们串起来，并用木夹子固定住，
看起来像一棵正在成长的小树。

**把最好的照片放在
客厅的主要位置**

　　为了不显得凌
乱，客厅用来装饰
的照片只选择了一
张最好的，现在选
用的是姐姐的可爱
照片。

精选宝宝和家人的照片来展示

墙上贴着哥哥给妹妹的信和画，只需要稍做装饰就可以。

展示和收纳在一起的画廊风

如果想要展示宝宝的很多照片，可以试着把它们装上相框，做成画廊风格。注意相框的素材要统一，根据照片的大小合理摆放。

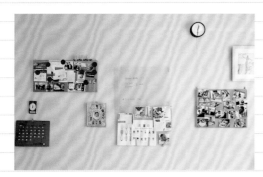

宽阔的墙壁上可以挂上照片和书信

想让墙壁成为展示区，那就在墙壁的软木板上贴上宝宝的照片和重要的书信，最好也按主题进行分类和装饰，展示的内容可以随心所欲。

楼梯的侧面也可以做成照片廊

楼梯的侧面放上宝宝的照片、绿植、卡片，可以成为很好的展示区。从客厅处可以随时看到照片廊，宝宝们也很喜欢。

人气物品 5

达人妈妈都在使用的
人气收纳工具, 当然也可以
把它们当做家居装饰品!

┃草篮子

草编篮子极具自然风, 用起来很方便, 各种场合都能使用, 是妈妈们的爱用好物。

草篮子×玩具

草篮子×绘本

因为很结实所以可以放绘本, 还可以拎着它到处移动。

形状像壶一样的草篮子, 把腰部中线以上的部分向内侧折就变成了小一号的收纳筐, 两种形式都很方便实用, 放上玩具后, 清新、可爱。

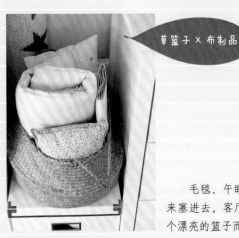
草篮子×布制品

把玩具都收起来放在篮子里, 地板变得很整洁, 屋子也变得清爽起来。如果要装很多玩具可以选择大一点的篮子。

毛毯、午睡被可以卷起来塞进去。客厅只是多了一个漂亮的篮子而已。

2 小推车

可以移动的带轮小推车不仅结实，收纳力也很强。很适合放婴儿用品，也有很多妈妈用来放宝宝的玩具。

深茶色的地板很适合灰蓝色的小推车。推车里放的是婴儿用品和玩具，可以贴上一些贴纸做些进一步的美化。

纸尿裤、婴儿用品、替换的衣服、玩具，还能放下时钟和保温杯。有了这个万能小推车就什么都不用担心了。

纸尿裤、婴儿用品、玩具，宝宝的物品可以一网打尽，灰白色也能很好地与房间色调融合。

3 纸袋

北欧风的防水纸袋非常时尚，深受妈妈们喜爱。玩具、毛毯、垃圾箱、盆栽绿植等都可以放进去。

纸袋内侧有防水膜，很结实。除玩具之外，还可以放纸尿裤和盆栽绿植等。

法国的设计工作室设计了非常时尚的 "be-poles"，可以放玩具、布料和纸尿裤等。

4 圆柱形储物柜

在意大利，Kartell 公司生产的王牌产品 Componibili 储物柜非常受欢迎。这款储物柜收纳能力超强，同时也非常时尚，是很棒的收纳家具。

圆柱形储物柜×宝宝用品

可以放小围兜、替换的衣服、袜子、宝宝的其他物品和玩具。取放非常容易，拉门式设计的开关也很方便。

可以收纳保湿霜、防晒霜、纸尿裤、擦屁屁的纸等物品。纸尿裤数量减少的时候，从囤货中添补就可以。

5 收纳盒

在宜家、无印良品等地方可以购买到的便宜收纳盒是家中必备，样子虽然很简约，但是很时尚。

收纳盒×小推车

收纳盒的颜色非常清爽，再搭配上小推车，收纳能力更上一层楼，贴上标签一眼就知道里面收纳的物品类型。

从五颜六色的收纳盒中只选取两种颜色，营造出时尚的气息，不要太花哨，它们可以作为家居装饰中的点缀。

番外篇

房间中可爱的小帐篷，也可以当做收纳工具

爸爸亲手做的小帐篷，不仅用来玩耍，也可以当做收纳工具。彩色的球可以收纳在里面，房间瞬间变得清爽。

手工的小帐篷可以收纳玩具，周围装饰着可爱的小物，宝宝的房间瞬间变得很时尚。

小帐篷里放上软软的垫子，可以在里面玩耍和午觉，或者成为宝宝的秘密基地，大部分宝宝对此非常买账。

解决妈妈们的
收纳困扰
Q & A

除了帮宝宝换纸尿裤、收拾玩具以外，妈妈还会烦恼很多事情，比如房间总是很拥挤、杂乱的生活气息太重，或者因为自己不善于整理而烦闷。针对这一系列问题，我们请来收纳专家、房屋设计师和整理达人回答大家关于收纳的问题。

Q.1 婴儿用品会增加多少？需要准备多少的空间？

A. 根据可用空间来决定放多少婴儿用品

每个家庭情况不一样，需要的用品也不一样，所以房间里放婴儿用品的空间比例没有绝对的标准。不过，为了放置新增的婴儿用品，要节省出一些空间，所以需要综合地看待物品和可用空间的比例。

Q.2 不喜欢杂乱的生活气息！

A. 尽量选择在宝宝大一些后仍能使用的家具设计风格

色彩丰富的物品基本上是绘本和玩具，宝宝的小家具要尽量选择幼年期结束后也可以使用的设计风格。如果这样操作，家里的整体格调就可以保持一致，也可以避免家居中的杂乱感，并且还把替换家具的钱节省了下来。

Q.3 想要有一个可以快速打扫完毕的房间

A. 使用隐藏式收纳,不要在地板上放过多的物品

每天用吸尘器打扫房间,尽量不要在地板上放东西。把物品放在壁橱和抽屉中,隐藏起来。

Q.4 想要空间得到合理利用!

A. 控制住想要放置很多装饰物的心情,有效利用墙壁装饰和收纳

在墙壁挂上画等其他物品会让空间看上去变大,房间的整体效果也会有所改变。一些零碎的装饰品可以利用壁柜进行收纳,并根据季节的变化随时改变。

Q.5 不想让宝宝接触到电器

A. 使用挂壁式带外放功能的CD播放器

不让宝宝摸到电器是基本原则之一,使用之后要关掉电源,套上罩子,隐藏起来。爱听音乐的父母选择挂壁式CD播放器可以避免宝宝接触。

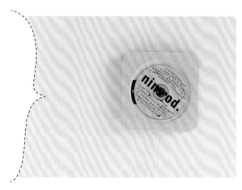

Q.6 安全措施如何搞定

A. 危险的地方装上阻拦门，插线板收纳在盒子里

厨房和楼梯附近要安装宝宝阻拦门，阻拦门上可以装饰些漂亮的织物，防止宝宝被磕碰。插线板放在可爱的专用盒子中。

Q.7 想让宝宝成为收纳能手

A. 让宝宝在玩耍中体会收纳的乐趣

用游戏的方式让宝宝把玩过的玩具放进盒子里，完成后立马给予表扬，让宝宝体会到"变得整洁"是非常开心和值得表扬的事情。

不用心灵手巧也能做到!

简单方法 留下可爱回忆

如何将回忆留住总是很棘手,
何不费点工夫把它们改装成装饰品?

别把回忆藏起来

如今智能手机和数码相机的普及可以很轻松地完成摄影,不过大多时候,特意拍下的宝宝可爱瞬间却只能用数据格式留存,没能展示出来。

为什么不把宝宝的相片打印出来,成为家居的装饰品呢?给我们提出这个建议的是展架设计师水间朋子,她是负责杂志中室内装修设计及店铺展架设计板块内容的专家,我们特地咨询了她如何留存宝宝日渐增多的影像文件的好方法。

"用漂亮的美纹纸胶带把照片贴在墙上,看上去就像放在相框里一样,简单又可爱。可以根据季节和心情随时替换照片。胶带纸撕掉也很方便,所以即使是租住的房子也可以这样装饰。"水间朋子女士说,"涂鸦和手工制品也是非常棒的装饰品,效果也会非常好。"

除此之外,还可以将不爱玩的玩具作为装饰品。"小小的布玩偶、过家家时候的玩具可以装饰在墙壁的花环上,当初玩这些玩具时的美好场景就会再现。一边回忆过去,一边和宝宝一起制作,更开心。"水间女士说。一起装饰房间,共度亲子时光,也是让房间更加温暖的重要因素。

剪掉美纹贴纸的尖角,可以贴出相框的感觉

改变相片的大小、位置,或者调整美纹贴纸的颜色、纹路或粗细,照片也可以变得多种多样。但是洗印的照片在撕掉胶带装饰后,边缘有可能会被破坏。

整理不再常玩的玩具原因

可以用胶水把过家家玩具等物品粘在花环上。如果是男宝宝,积木或者玩具车也可以用上。

宝宝独一无二的作品也可以用来装饰

宝宝的第一幅画、第一个手工制品、充满回忆的小鞋子等都可以作为装饰。用美纹胶带贴在墙上,再搭配上用绳子串起来的圆片纸,组合成漂亮的展示品。

告诉我们这些的是
展架设计师
三津间智子

水间朋子在SAZABY从事过展台设计工作,后来成为了自由职业者。她在各种社交媒体中介绍了自己的家居装饰方法。

PART 3

和宝宝一起生活的
法式收纳和装饰法

各个国家的父母和宝宝在一起的生活都很相似。
让我们来看看法国家庭是如何处理和宝宝一起的收纳生活的，
本章介绍了高品位的法国妈妈如何装扮房间和照顾宝宝。

零星点缀温暖的色调，
暖心的法式内饰

动手改造和装饰自己的房子

阿德琳一家居住在巴黎市中心附近。大约五年前他们买下了有一百年历史的公寓顶层，花了一年半的时间进行了大规模改造。"很想做出山间小屋的样子，所以把天花板打掉重做"，阿德琳说。

塞得里克负责装修工程，阿德琳负责装饰，各自负责熟悉的领域。房子里放置了大量的日系物品，同时也添加了很多明亮的色调，打造出一个温暖的法式房间。

家的概况

**阿德琳·克拉姆、塞得里克、
尤里斯**（2岁）

　　这是一个三口之家。妈妈在巴黎的11区开了一个用染布、纸和布料进行艺术创作的商店（Adeline Klam）。

Kids Room
宝宝的房间

用混合的颜色营造出欢乐的氛围

　　因为选择了简约的家具，所以墙壁特别刷成了让房间变得明亮的颜色。收纳玩具的箱子没有盖子，尤里斯可以轻松地自己收拾整理，正在玩的小火车是在网上购置的二手玩具。

Living
客厅

主色调是蓝色，用小物来点缀

　　为了和沙发的颜色搭配，椅子也涂成了蓝色。搭配自己喜欢的颜色是法国人擅长的。家中大多数的抱枕都是阿德琳亲手做的。

Display Space
展示区

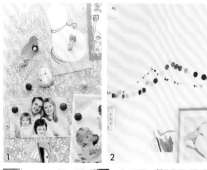

手工感十足的展示品散发出家庭的温馨

1. 用吸铁石装饰的展示板非常可爱，上
   边展示着照片和明信片。
2. 家里悬挂着手工上色的索菲·库维利耶花
   环，妈妈的素描也装上相框展示出来了。
3. 在日本买到的鱼形纸气球。
4. 放着超可爱的芥子娃娃的展示架
   （BROCANTE）。
5. 浅口盒子刷上颜色，贴上和纸做成的
   装饰架。

Dining & Kitchen
餐厅和厨房

使用轻快的颜色打造快乐空间

    温暖的黄色主色调让人印象
深刻。阿德琳说，"我母亲经常
把她家中的鲜花带给我"。岛台
上方的多色涂色非常时尚。

客厅中少放宝宝元素，
装饰成有格调的成熟空间

妈妈用心装饰的宝宝房

从宽敞明亮、让人放松的客厅和充满妈妈爱意的宝宝房中就可以看出，妈妈非常享受与女儿共处的时光。

最近刚刚研究生毕业的妈妈所学的专业是历史、政治学和俄语，爸爸是麻醉医生，两人结婚后搬进了丈夫独身时和别人一起合住过的公寓。现在的宝宝房间原来是两人的卧室。在欧洲，婴儿从出生开始就和父母分房睡是一种习惯，大女儿鲁伊兹出生后很快适应了这个房间。

妈妈是独生女，甚至没有表兄妹，所以她很希望再多要一个孩子。现在小女儿马尔格丽塔一哭，鲁伊兹就会立马凑到身旁，此时妈妈心里就会涌起"还想要一个男孩"的想法。

爱丽丝·鲁梅尔和马尔格丽塔（6个月）

全家四口住在巴黎10区，妈妈研究生刚刚毕业，现在正准备开始工作。

Kids Room
宝宝的房间

色彩丰富的宝宝房间以粉色为主色调

右边放置的是姐姐的床，墙角处放了衣柜，左边区域是玩耍区，墙上贴着姐姐的名字。

衣柜里的衣物分类放置

衣柜里使用悬挂式的布质收纳袋，两人的衣服和袜子分别收纳好。

Display Space
展示区

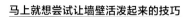

马上就想尝试让墙壁活泼起来的技巧

把在日本很受欢迎的插画明信片装在木质相框中，挂在墙上。因为要用到很多，所以选择了物美价廉的相框。

Bathroom
浴室

在法国，浴室中换纸尿裤是效率最高的

　　在巴黎，大家基本都在浴室换纸
尿裤。

　　有效利用墙壁，在墙壁较低的位置放置
挂钩用来收纳衣物和包，把小物放在篮子里
的效果也很好。

　　用粉色和灰色的彩笔写上字母，贴在墙
壁上，明信片放进贴在墙上的透明袋里，简单
但很可爱。

把照顾宝宝的工具、衣服和玩具
分类收纳，提高取用效率！

家的概况

爱丽尼古拉·阿古拉耶、艾尔克碧·阿
尔德里奇、让娜（3岁）和菲利克斯（6
个月）

爸爸在广告代理公司上班，妈妈是调
香师。他们一直期待的第二个宝宝终于在
圣诞节出生了。

对宝宝和自己都要花心思

在第二个宝宝出生后，妈妈再次体会到带孩子的快乐。"初带大女儿的时候，不知道怎么照顾小小的宝宝，现在回想起来，当时担心的有点太多了。带第二个宝宝的时候就游刃有余了。"妈妈说。

虽说已经有了经验，但是妈妈还是要考虑如何在工作和家庭之间取得平衡。在回去工作之前，需要重新考虑宝宝物品的摆放和收纳方法。"在路边捡到收纳能力超强的抽屉柜（P136右下图），用来放小宝宝的所有物品。换纸尿裤时的物品和贴身衣物全部整理好后，感觉轻松了很多。"妈妈说。

打破欧美家庭从婴儿时期就与父母分睡的习惯，让小宝宝暂时和爸爸妈妈睡在一间屋子中。半夜如果遇到啼哭或者需要哺乳的情况，不只是妈妈，爸爸也可以迅速起身帮忙。

阿古拉耶说，"如果妈妈花太多精力在小孩身上，忽略自己的状态，那真的会造成两败俱伤的场面，所以要量力而行地养育孩子，给自己一些恢复和调整的时间。"这还真有巴黎妈妈们的风格。

Kids Room
宝宝的房间
把宝宝房装饰成梦想中的样子

宝宝房里有一个读书角，是姐姐最喜欢的地方，也经常会充满弟弟的欢笑声。

巨大的气球地球仪、贴在墙壁上的各种贴纸让房间变得热闹和活泼。房间虽然是地下室，但是因为有天窗，所以并不是很昏暗，而且从厨房还可以看到房间里的情况。

Dining & Kitchen
餐厅和厨房

属于爸爸妈妈的空间也很有格调

1. 厨房的墙壁用黑板漆粉刷，可以直接在上边写下留言，如"今天晚些回来""爱你"之类的文字，让生活变得很有趣。

2.3. 明亮的客厅里安装了最新的音响设备，可以充分享受休息时光。躺在婴儿摇椅中的弟弟看起来心情也很不错。

Bed Room
卧室

**简约、让人放松的空间，
让全家睡得很香甜**

　　照片中的小床是宝宝小时候用的。也是家中从爷爷辈代代传下来的家具。

开心或伤心都写在脸上，
每天只想这样静静地看着

对孩子的爱，留出余地

这家的妈妈对于女儿的宠爱恰到好处，当然也有爸爸的帮助。

"为了让谁都能帮忙喂奶，宝宝生下来就选择喂配方奶粉，这样爸爸也可以在半夜起来喂奶。"妈妈说。

除此之外，还请了他人代父母照顾宝宝，这样爸妈不会因为照顾孩子累倒，能够更好地享受照顾孩子带来的乐趣。

家的概况

伯纳德·卡若琳
宝拉（1个半月）

这是一个居住在巴黎中心地区的四口之家，下一个假期他们计划带着宝拉去希腊旅行。

Kids Room
宝宝的房间

和姐姐罗斯的名字一样，房间的主色调是玫瑰色

有时候姐姐也会帮忙照顾宝宝。台灯放在较高的地方，危险的物品也都收起来，已经准备好了迎接宝宝的入住。

Bed Room
卧室

用自己喜欢的颜色粉刷墙壁

淡紫色的墙壁配上深紫色的窗帘，让人一下子安静下来，目前宝宝暂时睡在爸爸妈妈的房间，再过些日子就搬去和姐姐一起住了。

用最少的风格打造极致的时尚

重用黑色，成就宽敞时尚的空间

宽敞的客厅被巧妙地分割，里侧是父母的卧室，原来的卧室现在成为女儿的卧室，家具都选用的是时尚的黑色系风格。

家的概况

亚历克桑德拉·特罗提莫夫
奥雷斯特
雅典娜（5个月）

妈妈是一名专业的按摩师，现在每天都努力在工作和家庭之间取得平衡。

精简父母的装饰品，不增加多余的物品

大约一年前，亚历克桑德拉夫妇看中了这套可以远眺巴黎的公寓，房子本身是装修好的，所以可以立刻入住。

"两个人都喜欢简约的风格，你看屋子里基本没有什么多余的物品吧？"妈妈笑着说。

房屋虽然非常舒适、简约，但是却很有生气，其中的秘诀就是房间的色调选用了对比色。

Bed Room
卧室

白色的装潢中，用小物来点缀

1. 从午睡中醒来的宝宝看上去很开心。宝宝的床是姥姥送来的礼物，被子也很可爱（petit pan）。

2. 宝宝的衣柜中收纳了贴身衣物，一些零碎的小物品放在篮子或者袋子里，这样看来宝宝的衣物在家中是最多的！

Baby Space
宝宝的空间

只要看到喜欢的东西，宝宝就不会哭闹

大人想要处理手头事务时，把宝宝放在摇椅上，她会耐心等着爸爸妈妈。这样的玩具垫（Lilliputiens）在法国也很受欢迎。下方展示了宝宝人生中的第一双耐克运动鞋、长颈鹿咬咬胶和手拉音乐盒。

稍微用点心思 就能带来的快乐

蔻帕博士介绍的宝宝房间 摆设注意事项

POINT 1 注意宝宝床的摆放

避开水电管道，最好离墙远一些

水管、天然气管、通信线路、电线所在的区域会有不安全的隐患。在这些地方入睡有可能会引发宝宝半夜哭闹。除此之外，宝宝睡觉时头部一侧最好也和墙壁保持一定距离。

"宝宝半夜哭闹时，把床稍微远离墙壁就能缓解问题的例子有很多"，蔻帕博士说。

在家中放置植物的时候，请经常通风换气。

POINT 2 水和绿植让宝宝放松

利用植物的力量

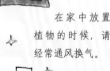

鲜花和绿植充满了生命力，在宝宝玩耍的空间放上观叶植物，宝宝会感觉很舒服。如果因为过敏等原因屋子里不能放绿植，也可以放置一些绘制着绿植的画，这样视觉上会很舒服。

此外，新鲜的水散发出的气息也能让宝宝放松。干净的杯子中放入一杯新鲜的水，不要溢出来，放在婴儿床的旁边，宝宝也会感到舒适。

蔻帕博士

建筑师，经营建筑事务所，研究日本气候和家居环境。

欢迎来
我家做客